SHINEI SHEJI CHANGYON

室内设计
常用资料集

陈小青 主编   刘淑婷 主审

化学工业出版社

·北京·

本书为一本资料丰富、内容翔实、通俗易懂的资料性室内设计图集，内容基本涵盖室内设计中需要经常查阅的知识点、规范条例、常用数据等。全书分为6章，内容包括现代室内设计风格，室内空间尺度设计，室内装饰造型，室内装饰构造，室内软装饰设计，室内设计工程制图，并结合室内施工图实例作了详细介绍。

　　本书可供室内专业设计人员和在校学生使用，也可为广大的建筑工程设计、施工、监理等人员提供参考，还可作为建筑业管理人员的参考资料。

图书在版编目（CIP）数据

室内设计常用资料集/陈小青主编. —北京：化学工业出版社，2014.5（2018.5重印）
　ISBN 978-7-122-20178-2

　Ⅰ.①室…　Ⅱ.①陈…　Ⅲ.①室内装饰设计-图集
Ⅳ.①TU238-64

　中国版本图书馆 CIP 数据核字（2014）第 057482 号

责任编辑：彭明兰　　　　　　　　　　　　装帧设计：史利平
责任校对：边　涛

出版发行：化学工业出版社（北京市东城区青年湖南街 13 号　邮政编码 100011）
印　　刷：北京京华铭诚工贸有限公司
装　　订：北京瑞隆泰达装订有限公司
710mm×1000mm　1/16　印张 21½　字数 475 千字　2018 年 5 月北京第 1 版第 9 次印刷

购书咨询：010-64518888（传真：010-64519686）　　售后服务：010-64518899
网　　址：http://www.cip.com.cn
凡购买本书，如有缺损质量问题，本社销售中心负责调换。

定　　价：68.00 元
版权所有　违者必究

前言

　　室内设计是指为了满足一定的建造目的，包括人们对它的使用功能、视觉感受的要求而进行的准备工作，以及对现有的建筑物内部空间相关物件进行深加工的增值工作。其目的是为了让具体的物质材料在技术、经济等方面，在可行性的有限条件下形成能够成为合格产品的准备工作，不仅需要工程技术上的知识，也需要艺术上的理论和技能。室内设计的根本目的在于创造满足物质与精神两方面需要的空间环境。因此，室内设计具有物质功能和精神功能的两重性，设计在满足特质功能合理的基础上，更重要的是满足精神功能的要求，创造出别具一格的风格、意境和情趣来满足人们的审美要求。

　　室内设计是一项非常繁杂的工作，它涉及范围非常广泛，包括建筑学、力学、哲学、心理学、人体工程学、材料学、美学、色彩学等知识。室内设计师和广大从业人员在设计过程中经常要查阅一些有关人体工程学、室内风格设计、软装装饰设计及室内制图等问题的相关图书，为了提高设计师的日常工作效率，帮助广大从业人员提高室内设计理论水平和实践能力，我们编写了本书。

　　本书在编写过程中，注重内容的系统性、全面性和实用性，内容基本涵盖室内设计中需要经常查阅的知识点、规范条例、常用数据等内容。本书主要具有以下特点。

　　(1) 内容全面。本书基本涵盖室内设计中需要经常查阅的知识点、常用数据、规范条例等。

　　(2) 简单实用。以设计实践为内容编排的立足点，去除理论类内容，并加入有代表性的案例，适合室内设计师及学生使用。

　　本书由陈小青主编，并负责全书的统稿工作。具体编写分工如下：第 1 章由黄峰编写；第 2 章由罗德宇编写；第 3～6 章由陈小青编写。全书由刘淑婷主审。

　　本书在编写过程中，参考借鉴了国内许多相关图书及文献，在此，对相关作者表示衷心的感谢！

　　本书配有教学课件，具体可发邮件到 kejiansuoqu@163.com 索取。

　　由于编者水平所限，加之时间仓促，书中难免有不妥之处，恳请广大读者批评指正。

编　者

2014 年 3 月

目录

CONTENTS

第1章
现代室内设计风格

室内设计风格，是不同时期的思潮与地域特色，通过有意识的设计构思和艺术表现，逐步发展成具有明显视觉形象的室内设计形式。当今对于室内设计风格的分类，还在进一步研究和探讨中，本章结合室内家居设计惯例将室内设计风格主要分为：传统风格、现代风格和综合型风格三大部分，各部分又列出几种最典型的室内风格进行分析。这种分类并不是最终的结论，仅为读者提供借鉴和参考，希望对广大读者和建筑、室内设计师的创作有所帮助。

1.1 传统风格

传统风格的室内设计，重点是在室内布置、线形、色调、家具及陈设的造型等方面的设计吸取传统装饰"形""神"的特征，营造一种传统文化的室内氛围。以复古情怀为主，没有过分亮度的表达，而是更为注重生活的痕迹。

传统风格可分为东方传统风格和西方传统风格。东方传统风格有中式风格、和式（日本）风格等。西方传统风格有意式古典风格、法式古典风格、美式古典风格和地中海风格等。

1.1.1 东方传统风格

（1）中式风格

① 风格起源与简介。中式风格即中国传统风格，起源于我国。中国是一个有着悠久历史和文化底蕴的国家，中式建筑经过了数千年的发展，经历了时代变迁、洗练以及各地人文风情的影响、交融和熏陶，逐渐形成了独具特色的建筑文化体系，将其沿用到室内设计之中逐渐形成了现在的中国传统风格。

中式风格是以宫廷建筑为代表的中国古典建筑的室内装饰设计艺术风格，气势恢弘、壮丽华贵、高空间、大进深、雕梁画栋、金碧辉煌，造型讲究对称，色彩讲究对比，装饰材料以木材为主，图案多龙、凤、龟、狮等，精雕细琢、瑰丽奇巧。

② 中式风格的特点。中式风格的特点是在室内布置、线、色调以及家具、陈设的造型等方面，吸取传统装饰"形""神"的特征，以传统文化内涵为设计元素，革除传统家具的弊端，去掉多余的雕刻，糅合现代西式家居的舒适，根据不同户型的居室，采取不同的布置。在需要隔绝视线的地方，则使用中式的屏风或窗棂，通过这种新的分隔方式，单元式住宅就能展现出中式家居的层次之美。如图 1-1～图 1-3 所示。

图 1-1　中式风格（一）

图 1-2　中式风格（二）

图 1-3　中式风格（三）

③ 中式风格的设计要点。从结构、形态到装饰图案的取用，均体现出端庄、优雅，富有内涵，而且数千年来始终保持着一贯的做法，其空间结构上以木构架形式为主，格调高雅清新，造型简朴优美，色彩浓重娴熟，同时空间上讲究层次，多用隔窗、屏风来分割，用实木做出结实的框架，以固定支架，中间用棂子做成方格或其他中式的传统图案。

门窗对确定中式风格很重要，因中式门窗一般均用棂子做成方格或其他中式的传统图案，用实木雕刻成各式题材造型，打磨光滑，富有立体感。

天花以木条相交成方格形，上覆木板，也可做简单的环形的灯池吊顶，用实木做框，层次清晰，漆成花梨木色。

家具陈设讲究对称，重视文化意蕴；配饰擅用字画、古玩、卷轴、盆景，精致的工艺品加以点缀，更显主人的品位与尊贵，体现中国传统家居文化的独特魅力。

（2）和式风格

① 风格起源与简介。日式风格的家居又称和式风格，13～14 世纪日本佛教建筑继承 7～10 世纪的佛教、传统神社和中国唐代建筑的特点，采用歇山顶、深挑檐、架空地板、室外平台、横向木板壁外墙，桧树皮茸屋顶等，外观轻快洒脱，形成了较为成熟的日本和式建筑。和式室内风格直接受日本和式建筑影响，并将佛教、禅宗的意念，以及茶道、日本文化融入室内设计中，讲究空间的流动与分隔，流动则为一室，分隔则分几个功能空间，在悠悠的空间中让人们在这里抒发禅意，静静思考。如图 1-4所示。

② 和式风格的特点。以简约为主，日式家居中强调的是自然色彩的沉静和造型

图 1-4 和式风格

线条的简洁，和室的门窗大多简洁透光，家具低矮且不多，给人以宽敞明亮的感觉，因此，和室也是扩大居室视野的常用方法。

从选材到加工，和式风格的材料都是精选优质的天然材料（草、竹、木、纸），经过脱水、烘干、杀虫、消毒等处理，确保了材料的耐久与卫生，既给人回归自然的感觉，又不会有对人体有害的物质。

和式风格最大的特征是多功能性，用榻榻米席地而坐和席地而卧，运用屏风、帘帏、竹帘等划分室内空间，使之白天放置书桌成为客厅，放上茶具成为茶室，晚上铺上寝具成为卧室。解决业主客房、次卧利用率低的烦恼，对于住房并不宽裕的人来说，"一室多用"也是最佳的设计，这是其他风格的装饰所不能比的。

③ 和式风格的设计要点。和式风格的空间造型极为简洁明快，空间意识强，形成"小、精、巧"的模式，利用檐、翕空间，创造特定的幽柔润泽的光影。

色彩较单纯，多以浅木本色，在设计上采用清晰的线条，而且在空间划分中摒弃曲线，具有较强的几何感；布局简洁，给人以朴实无华，清新超脱之感。另一特点是屋、院通透，人与自然统一，注重利用回廊、挑檐，回廊空间的敞亮、自由。和式风格的饰物主要有：灯笼（日本式和纸灯笼居多）、蒲团（日本式）、垫子、人偶、持刀武士、传统仕女画、扇形画、一枝花、一炷香、壁翕（放轴画、饰品、供佛像）等。

1.1.2 西方传统风格

（1）意式古典风格

① 风格起源与简介。意式古典风格主要是指意大利文艺复兴时期所形成的完整的古典建筑与装饰体系。这种建筑和装饰体系并没有简单的模仿或照搬希腊、罗马式样，它在建筑技术、规模和类型以及建筑艺术手法上都有很大的发展，无论在建筑空间、建筑构造还是建筑外形装饰上，都体现一种秩序、规律、统一的空间概念。如图1-5 所示。

② 意式古典风格的特点。意式古典风格主要特征为厚实的墙壁、窄小的窗口、

图 1-5　意式古典风格

轻快的敞廊、优美的拱券、笔直的线脚以及半圆形的拱顶、逐层挑出的门框装饰、高大的塔楼，并大量使用砖石材料等。

③ 意式古典风格的设计要点。意式古典风格的柱式主要有罗马多立克式、塔斯干式、爱奥尼式、科林斯式及其后发展创造的罗马混合柱式、柱式同拱券组合式，即券柱式，两柱之间是一个券洞，券柱式和连续券既作结构又作装饰，形成一种券与柱大胆结合极富趣味的装饰柱式。

大厅宽敞，窗户比较高大，选择的窗帘更需要具有质感，如采用考究的丝绒、真丝、提花织物或选用质地较好的麻制面料，颜色和图案偏向于与家具一样的华丽、沉稳、暖红、棕褐、金色，再搭配一些装饰性很强的窗幔以及精致的流苏，都可以起到画龙点睛的作用，体现大方、大气与华丽之美。

（2）法式古典风格

① 风格起源与简介。法国从 17 世纪逐步取代意大利的地位成为欧洲文化艺术中心，现在我们讲的法式风格，主要是指法国路易十五时期形成的洛可可样式，它反映了路易十五时代宫廷贵族的生活趣味，曾风靡欧洲。法式古典风格造型严谨，内部装饰丰富多彩，建筑线条鲜明、凹凸有致，尤其是外观造型独特，大量采用斜坡面，颜色稳重大气。如图 1-6～图 1-9 所示。

② 法式古典风格的特点。对称式的造型，加上金色线板的大金装饰，古典中透露出金碧辉煌。华丽风格的宫廷桌椅是法式空间的主题，壁面装饰图案以对称的排列形式，搭配罗马窗幔的装点，充满优雅的韵味。顶棚部分运用特殊裂纹漆及金色线板，衬托晶莹的水晶灯，增加了居住空间气派恢弘的感觉。普遍运用古典柱式设计，展现出古典的对称美感。墙面部分运用明镜营造空间穿透感，并且反映室内布置的富丽堂皇。

③ 法式古典风格的设计要点。法式古典风格偏向于庄重大方，整个建筑及内部多采用对称造型，气势恢弘，豪华舒适的居住空间，屋顶多采用孟莎式，坡度有转折，上部平缓，下部陡直。屋顶上多有精致的老虎窗，细节处理上运用了法式廊柱、雕花、线条，制作工艺精细考究，呈现出法国的浪漫典雅。

室内装饰元素趋向自然主义，多运用贝壳、漩涡、山石作为装饰题材。有时候为了模仿自然形态，也大量地用弧线和 S 形线，天花和墙面以弧面相连，转角处布置壁画。

古典的法式风格搭配原则，餐桌和餐椅均为米白色，表面略带雕花，配合扶手和椅腿的弧形曲度，显得优雅华贵，而在白色的卷草纹窗帘、水晶吊灯、落地灯、瓶插百合花的搭配下，浪漫清新之感扑面而来。

图 1-6　法式古典风格（一）

图 1-7　法式古典风格（二）

图 1-8　法式古典风格（三）

图 1-9　法式古典风格（四）

（3）美式古典风格

① 风格起源与简介。美国是历史短暂的移民国家，最早的北美洲原始居民为印第安人，在 16～18 世纪，西欧各国相继入侵北美洲，先后建立了 13 个殖民地，这些人在移民的过程中带去各自不同国家地域的文化、历史、建筑、艺术甚至生活习惯，使本土文化深受影响，在现在北美洲家居文化中能看到很深厚的西方文化的历史缩影。因此美式古典风格植根于欧洲文化，它摒弃了巴洛克和洛可可风格所追求的新奇和浮华，建立在一种对古典的新的认识基础上，强调简洁、明晰的线条和优雅、得体有度的装饰。如图 1-10、图 1-11 所示。

② 美式古典风格的特点。美式古典风格实际上是一种混合风格，其建筑最明显的特点是注重建筑细节、有古典情怀，外观简洁大方，体现在大窗、阁楼、坡屋顶，有其丰富的色彩和流畅的线条，街区氛围追求休闲活力、自由开放等特点。用色一般以单一色为主，强调更强的实用性，同时非常重视装饰，除了风铃草、麦束和瓮形装饰，在美国还有一些象征爱国主义的图案，如鹰形图案等，常用镶嵌装饰手法，并饰以油漆或者浅浮雕。

③ 美式古典风格的设计要点。美式古典风格强调室内空间的通透性，通过拱门、连续的廊道增强视线的穿透力和光线的采光效果。装饰材料上通常使用大量的石材和木饰面装饰，美国人喜欢有历史感的东西，反映出对各种仿古墙地砖、石材的偏爱和

图 1-10　美式古典风格（一）

图 1-11　美式古典风格（二）

对各种仿旧工艺的追求。

美式古典风格装修中的家具主色调是黑、暗红、褐色及深色，使其更显稳重优雅。其卧床有高柱和帐幔，曼妙的床幔可以体现美式古典风格的优雅美。而美式家具的雕刻在做旧、虫眼、浸蚀等点缀下，尽显美式古典之美。材质一般采用胡桃木和枫木，为了凸出木质本身的特点，它的贴面采用复杂的薄片处理，使纹理本身成为一种装饰，可以在不同角度下产生不同的光感。

（4）地中海风格

① 风格起源与简介。地中海风格形成于公元 9～11 世纪文艺复兴前的西欧。地中海地区冬季温和湿润，夏季干旱少雨，尽管地中海周边国家众多，民风各异，但是独特的气候特征还是让各国的地中海风格呈现出某些一致的特点。

地中海装饰风格的主要特征包括：和谐、优雅、富丽、乡村、放松、实用、朴实、随意、亲切，展现了地中海地区的人们轻松友好、无忧无虑、随意放松、热爱自然、享受生活和实用朴实的生活态度。这是地中海地区阳光充沛的气候和清澈蔚蓝的大海赐予他们得天独厚的自然条件所造就的精神面貌，是自然环境产生的必然结果。如图 1-12～图 1-14 所示。

② 地中海风格的特点。拱形的浪漫空间，家中的墙面处（只要不是承重墙），均可运用半穿凿或者全穿凿的方式来塑造室内的景中窗。

纯美的色彩方案如蓝与白；黄、蓝紫和绿；土黄及红褐。

不修边幅的线条，地中海沿岸对于房屋或家具的线条不是直来直去的，显得比较自然，因而无论是家具还是建筑，都形成一种独特的浑圆造型。白墙的不经意涂抹修整的结果也形成一种特殊的不规则表面。

地中海风格的装饰手法也有很鲜明的特征，家具尽量采用低彩度、线条简单且修边浑圆的木质家具。地面则多铺赤陶或石板，主要利用马赛克小石子、瓷砖、贝类、玻璃片、玻璃珠等素材，切割后再进行创意组合，这在地中海风格中较为华丽的装饰。在室内，窗帘、桌巾、沙发套、灯罩等均以低彩度色调和棉织品为主，素雅的小细花条纹格子图案是主要风格。独特的锻打铁艺家具，也是地中海风格独特的美学产物。

图 1-12　地中海风格（一）

图 1-13　地中海风格（二）

图 1-14　地中海风格（三）

③ 地中海风格的设计要点。地中海风格的墙面通常为白色拉毛灰泥粉饰墙面，显不出岁月的痕迹，同时也用壁毯、铁艺格栅等来装饰墙面。地中海风格的墙面肌理用灰泥拉毛水泥粉饰，白色拉毛水泥墙与深色的木梁形成鲜明的对比。

地中海风格的地面材料主要有瓷砖、陶砖、马赛克和松木地板等。瓷砖主要用在客厅地面、厨房局部地面、浴室局部地面。陶瓷砖主要用在餐厅地面、厨房地面、客厅地面。马赛克主要用在门厅地面镶嵌、踢脚线、楼梯踏步、壁龛、厨房挡水板、浴室局部墙面或者地面。大块的松木地板可以用在水溅不到的任何地方。

地中海风格的顶棚一般都会有裸露的深色木梁加上裸露的灰泥粉饰顶棚。

1.2   现代风格

现代风格起源于19世纪晚期～20世纪早期，于20世纪30年代通过德国的包豪斯（Bauhaus）学派和斯堪的纳维亚（北欧）的现代艺术运动迅速传播到世界各个工业设计与艺术领域，其影响力在20世纪60年代达到顶峰，然后逐渐式微。在学术上通常把现代风格划分为经典现代与当代现代两个阶段。经典现代与当代现代的关系，就如同父与子的关系。它们在设计理念与理论基础方面是一脉相承的，但是又因为时代的变迁和社会的进步而有所不同。

现代风格的显著特征包括无装饰、流线型、抛光面、几何造型、非对称、开阔的视野、开敞的空间、明亮的光线、中性的主色调、室内外空间连成一体、精简、严格、抛光金属、玻璃材质、抽象主义绘画与雕塑。如同现代艺术画廊一般简洁、孤独、纯净、高雅。其中北欧风格、简约主义风格、自然风格、田园风格、前卫风格等都属于这一类型的风格。

1.2.1   北欧风格

① 风格起源与简介。北欧风格又叫简约风格，所谓北欧风格是指欧洲北部五国挪威、丹麦、瑞典、芬兰和冰岛的室内设计风格。由于这五个国家靠近北极，气候寒冷，森林资源丰富，因此形成了独特的室内装饰风格。

北欧风格大体来说有两种，一是充满现代造型线条的现代式；另一种则是自然式。不过其间并没有那么严格的界线，很多混搭后的效果也是不错的，现在的居家不会完全遵循同一种风格，通常是以一个风格为基础，再加入自己的收藏或喜好。如图1-15、图1-16所示。

② 北欧风格的特点。在北欧风格装修中，木材是永恒不变的主角，它是北欧风格的灵魂，在北欧风格装修中，选用的木材没有刻意的花纹，粗犷而简约。未经过油漆的污染，北欧风格让人进一步的与大自然亲近。

白色的木地板是北欧人的最爱，这与天气的原因有关系，由于雨雪的原因，大面积的地毯会导致室内光线不足，而白色的木地板，能让室内光线看起来更明亮些，选择木地板也与北欧人对木材独钟的喜欢有点关系。北欧国家的木材资源丰富，因此木地板也是最完美的选择。

图 1-15 北欧风格（一）

图 1-16 北欧风格（二）

黑与白是北欧的经典色彩。优雅的纯白与北欧人的生活习性有点类似。瑞典靠近北极，部分国土就在北极圈内，夏季会出现极昼，而冬天日照时间极短（部分地区不足 7 小时），所以阳光非常宝贵，大部分瑞典人家庭拥有巨大的窗户，并且居室内大部分为白色，以确保最大限度的光线反射。

③ 北欧风格的设计要点。北欧风格在处理空间方面一般强调室内空间宽敞、内外通透，最大限度引入自然光。在空间平面设计中追求流畅感；墙面、地面、顶棚以及家具陈设乃至灯具器皿等，均以简洁的造型、纯洁的质地、精细的工艺为其特征。

北欧的建筑都以尖顶、坡顶为主，室内可见原木制成的梁、檩、椽等建筑构件，这种风格应用在平顶的楼房中，就演变成一种纯装饰性的木质"假梁"。为了有利于室内保温，北欧人在进行室内装修时大量使用了隔热性能好的木材。这些木材基本上都使用未经精细加工的原木，保留了木材的原始色彩和质感。

北欧室内装饰风格常用的装饰材料还有石材、玻璃和铁艺等，但都无一例外的保留这些材质的原始质感。

家居色彩的选择上，偏向浅色如白色、米色、浅木色。常以白色为主调，使用鲜艳的纯色为点缀；或者以黑白两色为主调，不加入其他任何颜色。空间给人的感觉干净明朗，绝无杂乱之感。

家具是北欧风格家居的主要元素，它的特点是简洁，造型别致，做工精细，偏向于纯色。

1.2.2 简约主义风格

① 风格起源与简介。简约主义风格源于 20 世纪初期的西方现代主义，现代建筑大师密斯·凡得罗认为"少就是多"，这也可以说是简约主义的中心思想。它的特点是将设计的元素、色彩、照明、材料简化到最少的程度，空间的架构由精确的比例及精到的细节来体现，从技术审美的角度探讨了简约主义设计风格在材料、构造、细部和工艺的表现方面所具有的独特性。

简约主义风格倡导设计简约空间，美学上推崇"简约美"，力求表现悠闲、舒畅、简约的田园生活情趣，也常运用天然木、石、藤、竹等材质质朴的纹理，巧妙设置室内绿化，创造自然、简朴、清新淡雅的氛围。只有崇尚简约、结合简约，才能在当今高科技、高节奏的社会生活中，使人们能获得生理和心理的平衡。如图 1-17、图 1-18 所示。

图 1-17　简约主义风格（一）　　　　　图 1-18　简约主义风格（二）

② 简约主义风格的特点。简约主义的室内空间开敞、内外通透，在空间平面设计中追求不受承重墙的限制，以塑造唯美、高品位的风格为目的，摒弃一切无用的细节，保留生活最真、最纯粹的部分。

简约主义特别强调整体设计及夸张材料之间的结构关系，甚至将空调管道、结构构件都暴露出来，力求表现出一种完全区别于传统风格的室内空间气氛。同时，追求空间的实用性和灵活性。

③ 简约主义风格的设计要点。室内墙面、地面、顶棚等均以简洁的造型、纯洁的质地、精细的工艺为其特征。建筑及室内部件尽可能使用标准部件，门窗尺寸根据模数制系统设计，尽可能不用装饰，并取消多余的东西。

在选材上不局限于石材、木材、面砖等天然材料，而是将选择范围扩大到金属、涂料、碳纤维、高密度玻璃、塑料以及合成材料。

家具用不锈钢、木制、皮革、玻璃等材料；线条简洁、没有松散的面料，内置式的家具，比如书柜、壁橱等得到广泛应用。

饰品尽量少而精，一两件现代派的就可以，强调几何造型，植物用大株的有雕塑造型的植物，一两棵就好。

1.2.3　自然风格

① 风格起源与简介。自然风格较早出现于 19 世纪末英国工艺美术运动时期，在形式上强调藤、昆虫等自然造型。至 20 世纪初的美国，以赖特建筑为代表的一批草原风格的别墅成为当时的主流风格。他们选择自然材质并强调室内外相结合的设计，对自然风格进行了重新诠释，在融入了国际的设计手法之后的自然风格，带着青草的味道走进了我们的生活。以自然材质和亲和自然色引导健康家居，在高节奏的社会生活中使人取得生理和心理的平衡。自然主义风格正成为现代家居装修风格的主流。如

图 1-19 所示。

② 自然风格的特点。自然风格的室内环境表现休闲、舒畅、自然的生活情趣，非常注重自然材料，如原木、石材、板岩、藤、竹等材质质朴的纹理；色彩多为纯正天然的色彩，如矿物质的颜色，并巧妙设置室内绿化，创造自然、简朴、高雅的居家氛围。

③ 自然风格的设计要点。居室装饰中厅、窗、地面一般均采用原木材质，木质以涂清油为主，透出原木特有的木结构和纹理，有的甚至连天

图 1-19 自然风格

花板和墙面都饰以原木，局部墙面用粗犷的毛石或大理石同原木相配，使石材特有的粗犷纹理打破木材略显细腻和单薄的风格，一粗一细既产生对比，又美化居室，同时让疲劳一天的主人身处居室产生心旷神怡之感。

1.2.4 英式田园风格

① 风格起源与简介。英式田园风格又称为英式乡村风格，属于自然风格的一支，倡导回归自然，在室内环境中力求表现悠闲、舒畅、自然的田园生活情趣，常运用天然木、石、藤、竹等材质及其质朴的纹理，巧于设置室内绿化，创造自然、简朴、高雅的氛围。如图 1-20、图 1-21 所示。

图 1-20 英式田园风格（一）

图 1-21 英式田园风格（二）

② 英式田园风格的特点。英式田园家具多以奶白、象牙白等白色为主，高档的桦木、楸木等做框架，配以高档的环保中纤板做内板，优雅的造型，细致的线条和高档油漆处理，都使得每一件产品含蓄温婉、内敛而不张扬，散发着从容淡雅的生活气

息，又具有清纯脱俗的气质，无不让人心潮澎湃，浮想联翩。

③ 英式田园风格的设计要点如下。

色彩：色调较深沉，主要有深褐色、深红色和深绿色。

材料：壁纸（图案复杂、花卉图案、秋天色调）和红褐色地板。

家具：沙发、靠椅柔软、舒适、实木桌子，餐椅靠背直立无扶手黄铜五金件，樱桃木或者桃花心木制作的大型书柜或者书架。

饰品：很多小饰品、壁炉架、粗陶器、毛边地毯、悬挂瓷器、水晶烛台、花瓶、花卉图案靠枕、银色相框、田园风景油画（常见狩猎和马术的场景）、皮质封面的书籍和精美的瓷器。

织品：粗花呢和皮革。

1.2.5　美式田园风格

① 风格起源与简介。美式田园风格又被称为美式乡村风格，源自于早期殖民风格：17世纪～19世纪工业革命，时间跨度超过300年，融合了许多欧洲田园风格的特点。事实上，就在半个世纪之前，美国的田园风格就被称之为"早期殖民风格"，那些开拓者、农夫和商人们的住宅就成为了今天命名为"田园风格"的原型。如图1-22和图1-23所示。

图1-22　美式田园风格（一）　　　　　图1-23　美式田园风格（二）

② 美式田园风格的特点如下。

美式田园风格的特点有：务实、规范、成熟。

美式田园风格是宽敞而富有历史气息的，摒弃了繁琐和豪华，并将不同风格中优秀元素汇集融合，以舒适为导向，强调"回归自然"，使这种风格变得舒适、轻松。

③ 美式田园风格的设计要点如下。

色彩：蓝色、黄色、绿色和灰色调的粉色、深褐色或者土色。

材料：陶瓷地砖、粗灰泥墙面、粗犷的木梁、石砌壁炉和厚木地板。

家具：圆形实木餐桌、松木家具（做旧的油漆或者无油漆）、梯式靠背椅、木长椅，用皮革装饰的沙发、椅子和摇椅。

饰品：厨房的粗陶器、马灯、烛台、牛奶罐或壶、鹿角吊灯、手纺车、奶油搅拌器和缝被架等。

织品：花卉图案、手工缝制拼色盖毯或者被子、彩色毛毯、兽皮地毡和毯子。

1.2.6 前卫风格

① 风格起源与简介。随着20世纪"80后、90后"一代年轻人的逐渐成熟以及新人类的推陈出新，一种比简约更加凸显自我、张扬个性的个人风格成为青年人在家居设计中的首选。这种风格的主题是表达"万物皆为我用，万物皆为我生"的个人情感。

② 前卫风格的特点。前卫风格常常依靠新材料、新技术，加上光与影的无穷变化，追求无常规的空间解构，大胆鲜明、对比强烈的色彩布置，以及刚柔并举的选材搭配。夸张、怪异、另类的直觉只是其中的部分，更重要的是要注意色彩对比，注重材料类别和质地。强调个人的个性和喜好，但在设计时要注意适合自己的生活方式和行为习惯，切勿华而不实。如图1-24所示。

③ 前卫风格的设计要点。设计中尽量使用新型材料和工艺做法，追求个性的空间形式和结构特点。平面构图自由度大，常采用夸张、变形、断裂、折射、扭曲等手法，打破横平竖直的室内空间造型，运用抽象的图案及波形曲线、曲面和直线、平面的

图1-24 前卫风格

组合，取得独特效果。在装饰装修中，采用完全钢架，或采用完全土木结合。在木料上多用自然结构物质，只稍做加工，完全体现出一种自我情感与人为艺术的结合。色彩运用大胆豪放，追求强烈的反差效果，或浓重艳丽或黑白对比，同时强调塑造奇特的灯光效果。陈设与安放造型奇特的家具和设施室内设备现代化，保证功能上使用舒适地基础上体现个性。

1.3 综合型风格

综合型风格设计是一种新时代的设计理念，在这一设计理念指引下，人们开始对室内设计的综合性、多元化进行实践。综合型设计风格在设计中表现形式各样，设计方法不拘一格，并可以充分地运用古今中外的一切艺术手段进行设计。比如将中国的门窗与西方的建筑结构相组合，把传统屏风与现代化的生活环境相结合。其中新中式风格、新古典风格及雅致风格都属于这一类型的风格。

1.3.1 新中式风格

① 风格起源与简介。新中式风格也被称作现代中式风格，是中国传统文化意义在当前时代背景下的演绎；是对中国当代文化充分理解基础上的当代设计。"新中式"风格不是纯粹的元素堆砌，而是通过对传统文化的认识，将现代元素和传统元素结合在一起，以现代人的审美需求来打造富有传统韵味的事物，让传统艺术的脉络传承下去。如图 1-25～图 1-27 所示。

图 1-25 新中式风格（一）

图 1-26 新中式风格（二）

图 1-27 新中式风格（三）

② 新中式风格的特点。新中式风格的住宅中，中式元素与现代材质的巧妙结合，明清家具、窗棂、布艺相互辉映，空间装饰采用简洁、硬朗的直线条，有时还会采用具有西方工业设计色彩的板式家具，搭配中式风格来使用，直线装饰在空间中的使用，不仅反映出现代人追求简单生活的居住要求，更迎合了中式家具追求内敛、质朴的设计风格，使新中式更加实用、更富现代感。

③ 新中式风格的设计要点。新中式风格讲究纲常，讲究对称，以阴阳平衡概念调和室内生态。选用天然的装饰材料，运用"金、木、水、火、土"五种元素的组合规律来营造理性和宁静环境。

讲究空间的层次感，依据住宅使用人数和私密程度的不同，需要做出分隔的功能性空间，一般采用"垭口"或简约化的"博古架"来区分；在需要隔绝视线的地方，则使用中式的屏风或窗棂，通过这种新的分隔方式，单元式住宅就展现出中式家居的层次之美。

家具多以深色为主，可为古典家具，或现代家具与古典家具相结合。中国古典家具以明清家具为代表，在新中式风格家具配饰上多以线条简练的明式家具为主。

墙面色彩搭配：一是以苏州园林和京城民宅的黑、白、灰色为基调；二是在黑、白、灰的基础上再以皇家住宅的红、黄、蓝、绿等作为局部色彩。

装饰材料主要是丝、纱、织物、壁纸、玻璃、仿古瓷砖、大理石等。

搭配饰品为木雕窗花、陶艺、水培植物、屏风、圈椅、字画以及具有一定含义的中式古典物品等。

1.3.2 新古典风格

① 风格起源与简介。新古典风格起源于18世纪中叶兴起的一场新古典运动，其细节摒弃了洛可可风格的自然主义装饰，其建筑式样又继承了巴洛克晚期的特点，但是其核心部分则从文艺复兴时期著名的建筑师安德烈·帕拉迪奥所创作的建筑当中吸取了大量的营养。与新古典比较贴近的要数兴起于16世纪的英国都铎风格和18世纪的法国路易十五时期的洛可可风格。因此，新古典风格是所有装饰风格中最带有皇家贵族色彩的风格。如图1-28所示。

图1-28 新古典风格

② 新古典风格的特点。注重装饰效果，用室内陈设品来增强历史文脉特色，往往会照搬古典设施家居及陈设品来烘托室内环境气氛。

抛弃复杂的肌理和装饰，在材质上一般会采用传统的木质材质，用金粉描绘各个细节，运用艳丽大方的色彩，令人强烈的感受传统痕迹与浑厚的文化底蕴，但同时抛弃了过往古典主义复杂的肌理和装饰，简化了线条。

所有的家具式样精炼、简朴，雅致；做工讲究，装饰文雅；曲线少，平直表面多，显得更加轻盈优美。配饰以雕刻、镀金、嵌木、镶嵌陶瓷及金属等装饰方法为主，装饰题材有玫瑰、水果、叶形、火炬等。

③ 新古典风格的设计要点。装饰风格的富丽堂皇的空间效果需要用各式各样的装饰线条、墙裙、挡椅线和顶棚浮雕饰物等来共同烘托出来，这也是新古典风格的最大魅力所在。

墙面通常会用浮雕石膏垂花饰、花环、蛋形、标靶来装饰。墙面还有约90cm高的墙裙，椅线，各种石膏装饰线条：檐口线、横楣线、挂镜线，以及各种华丽的装饰镶板，平涂墙漆，带有图案的壁纸（古典建筑图案、神话故事场景、几何形状和花卉图案的壁纸）。有时墙面也常常会用半柱式（只从墙面露出一半的罗马柱式）来装饰。

地面通常用抛光大理石或者石材，加上名贵的波斯地毯或者花卉图案纺织地毯。门厅地面常常有几何拼花大理石或者镶嵌木地板。

顶棚与墙交界处通常用石膏浮雕垂花饰、齿状、花环、蛋形和标枪形装饰顶角线等，在顶棚上面则会用浮雕圆环形图案作顶饰和檐板等装饰。

1.3.3　雅致风格

① 风格起源与简介。雅致主义，在设计领域的理解是源于人们对于生活品质的追求，源于人们对美好生活的向往，具有注重品位、强调舒适、融古通今的特点，它力求体现出主人独特的情调、成熟的消费观，以及对生活的追求。

② 雅致风格的特点。雅致是简约的，简化的线条、粗犷的体积、自然的材质，却没有伪简约的呆板和单调。雅致又是古典的，但没有古典风格中繁琐和严肃，而是让人感觉庄重和恬静，使人在空间中得到精神上的放松。

图 1-29　雅致风格

空间布局接近现代风格，在具体的界面形式、配线方法上则接近新古典风格。雅致风格强调色彩柔和、协调，配饰大方稳重，以木质材料为主。设计上注重实用和舒适，摒弃过于夸大的雕琢性饰品。如图 1-29所示。

③ 雅致风格的设计要点。客厅的光线宜充足，灯光要明亮、柔和、使客人、家人被温馨气息和文化品位所感染。天池正中以吸顶灯为主，四周以射灯备用，使灯光高低有序、光色错落有致。

色块极大的落地窗帘，与周围饰物不宜有较大的深浅对比和色彩对比，应成为整体氛围中的重要角色，起调和、烘托的重要功能。窗帘布的质地宜细柔、精致和挺括，式样宜大方气派，便有一种诗意般的对白和典雅高贵的氛围。

铺地毯的家庭越来越趋于追赶时尚潮流，尤其是客厅中央放置几平方米的羊毛地毯，便是家居中一方情趣无穷的"芳草地"，且具有极大的凝聚力。

现代家具以低矮为主方显时兴典雅，摆设应遵循"简约即是时尚"的至理名言，古式家具以沉静为佳。

第2章
室内空间尺度设计

　　室内是与人最接近的空间环境，它具有以人为主体的空间的基本属性和特性。室内环境是为人们室内活动提供的场所，它随着人们的生活而拓展扩大，并逐渐发展成为与生活互相渗透、不可分割的环境整体，人们通过自身的感觉效应，在生存活动中不断调整人与环境的关系，因此，各式各样的人体的尺度与室内空间尺度经常存在着相互关联的情况。由于篇幅的关系，本章不涉及具体的人体测量学知识，只给出常见的 24 个相关人体尺寸编码对应表以便读者在后面的图表中对照，具体如表 2-1 所示。

表 2-1　人体尺寸编码对应表

编码	名　称	定　义	图　例
1	身高	指人身体直立、眼睛向前平视时从地面到头顶的垂直距离	
2	站姿眼高	指人身体直立、眼睛向前平视时从地面到内眼角的垂直距离	
3	肘部高度	指从地面到人的前臂与上臂结合处可弯曲部分的距离	

续表

编码	名　称	定　义	图　例
4	挺直坐高	指人挺直坐着时，从座椅表面到头顶的垂直距离	
5	正常坐高	指人放松坐着时，从座椅表面到头顶的垂直距离	
6	坐时眼高	指人的内眼角到座椅表面的垂直距离	
7	坐时肩高	指从座椅表面到脖子与肩峰之间的肩中部位置的垂直距离	

续表

编码	名　称	定　义	图　例
8	肩宽	指两个三角肌外侧的最大水平距离	
9	两肘宽度	指两肘屈曲、自然靠近身体、前臂平伸时两肘外侧面之间的水平距离	
10	臀部宽度	指臀部最宽部分的水平尺寸	
11	肘部平放高度	指从座椅表面到肘部尖端的垂直距离	

续表

编码	名　称	定　义	图　例
12	大腿厚度	指从座椅表面到大腿与腹部交接处的大腿端部之间的垂直距离	
13	膝盖高度	指从地面到膝盖骨中点的垂直距离	
14	膝腘高度	指人挺直身体坐着时,从地面到膝盖背后(腿弯)的垂直距离	
15	臀部—膝腘部长度	指臀部最后面到小腿背面的水平距离	

续表

编码	名　　称	定　　义	图　　例
16	臀部—膝盖长度	指从臀部最后面到膝盖骨前面的水平距离	
17	臀部—足尖长度	指从臀部最后面到脚趾尖端的水平距离	
18	臀部—脚后跟长度	指人挺直身体靠墙坐着、将腿紧贴座椅表面尽量向前伸直,从脚底板到墙的水平距离	
19	坐着时的垂直伸够高度	指人垂直,臂、手和手指向上伸直时,座椅表面到中指末梢的垂直距离	

续表

编码	名　称	定　义	图　例
20	垂直手握高度	指人站立、手握横杆,然后使横杆上升到不使人感到不舒服或拉得过紧的限度为止,此时从地面到横杆顶部的垂直距离	
21	侧向手握距离	指人直立、右手侧向平伸握住横杆,一直伸展到没有感到不舒服或拉得过紧的位置,这时从人体中线到横杆外侧面的水平距离	
22	向前手握距离	指人肩膀靠墙直立,手臂向前平伸,食指与拇指尖接触,这时从墙到拇指梢的水平距离	
23	最大人体厚度	指从人体最前面的点到最后面的点之间的水平距离,前者一般是胸或腹,后者一般是臀部或肩部	
24	最大人体宽度	指包括手臂的横向人体最大距离	

2.1　住宅空间

住宅是人们整个生活历程的主要场所，它的设计对人们的生活质量有着至关重要的影响，其平面布置应按功能进行划分，如卧室、客厅、厨房等，在这些空间里摆放着许多家具，这就使人体与室内设备之间构成了许多关系，为了处理好这些关系，我们就需要对空间尺度进行设计。

2.1.1　住宅平面布置图

在进行空间尺度设计前，我们应对所需布置的空间进行功能布局，再根据功能布局的需要进行平面布置和空间尺度布置。一般来说，以住宅空间的户型为依据进行分类的较多，如一室一厅（图2-1）、两室一厅（图2-2）、三室一厅（图2-3）。此外，近年来开始流行的别墅一般被归入到跃层户型（图2-4～图2-7）等分类。

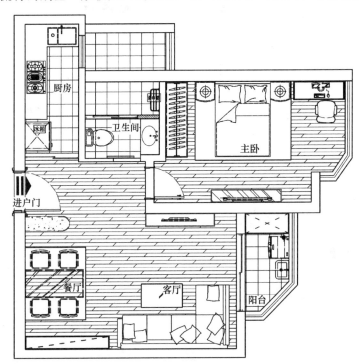

图2-1　一室一厅平面布置图

2.1.2　卧室相关设施尺寸

卧室中最常见的物件有床、梳妆台及壁橱等家具，因此卧室中的常用人体尺寸皆和此类家具息息相关，并根据这几类家具的类型不同而对相关的人体尺寸要求也不同，具体尺寸如表2-2～表2-8所示。图表中人体尺寸编码含义见表2-1。

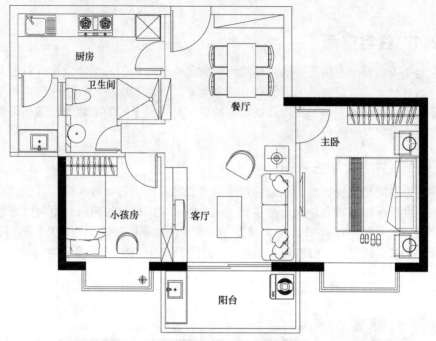

图 2-2 两室一厅平面布置图

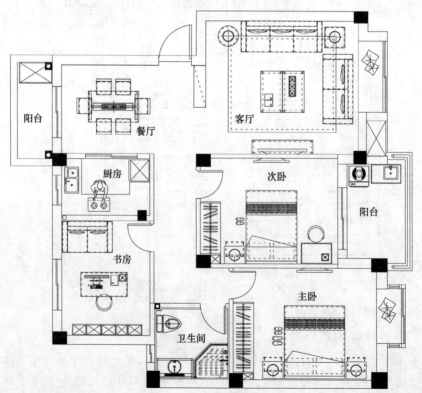

图 2-3 三室一厅平面布置图

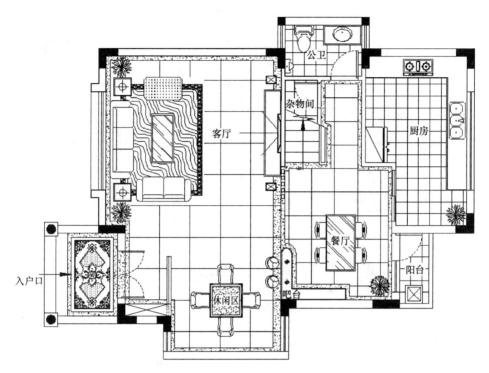

图 2-4　别墅一楼平面布置图

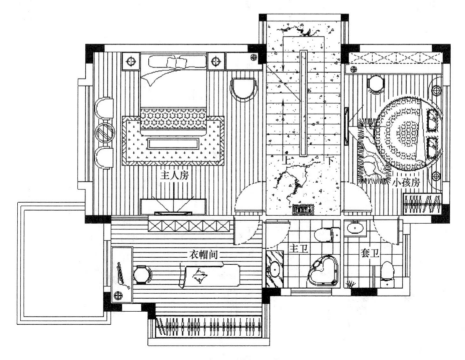

图 2-5　别墅二楼平面布置图

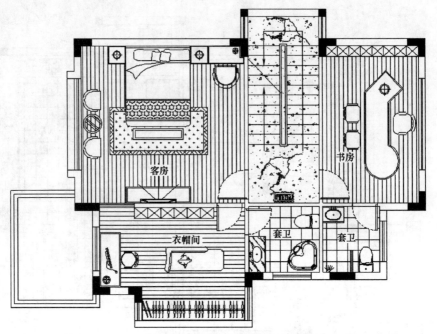

图 2-6 别墅三楼平面布置图

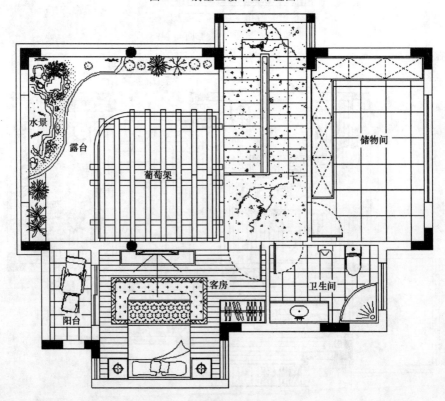

图 2-7 别墅四楼平面布置图

表 2-2　单人床与双人床尺寸

编号	单位/in	单位/mm
A	2.5	64
B	7.5	191
C	84	2134
D	78	1981
E	6	152
F	7～8	178～203
G	44～46	1118～1168
H	4～5	102～127
I	60	1524
J	36	914
K	48	1219
L	39	991
M	54	1372

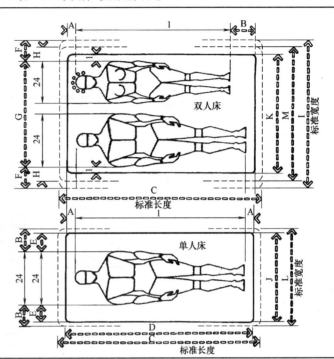

表 2-3　单/双人床间距与尺寸

编号	单位/in	单位/mm
A	108～114	2743～2896
B	36～39	914～991
C	36	914
D	18～22	457～559
E	30	762
F	82～131	2083～3327
G	46～62	1168～1575

双人床

单人床

标准宽度　标准长度

标准宽度　标准长度

双床间/间距和尺寸

褥垫表面　枕头　单人床　变化的　通行区

单床间/间距和尺寸

通行区　工作/活动区　墙或障碍物边线　床头桌　抽屉　床下贮存　单人床

表 2-4　单床间距及打扫间距尺寸

编号	单位/in	单位/mm
A	16	406
B	36～39	914～991
C	37～39	940～991
D	26～30	660～762
E	24	610
F	6～8	152～203
G	12～16	305～406
H	18～24	457～610
I	48～54	1219～1372

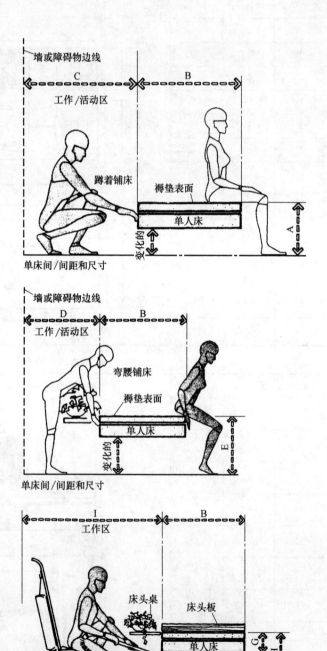

墙或障碍物边线

工作/活动区

蹲着铺床　褥垫表面

单人床

变化的

单床间/间距和尺寸

墙或障碍物边线

工作/活动区

弯腰铺床　褥垫表面

单人床

变化的

单床间/间距和尺寸

工作区

床头桌　床头板

单人床

打扫床下所需间距

表2-5　卧室家具尺寸及间距

编号	单位/in	单位/mm
A	24～28	610～711
B	12～16	305～406
C	30	762
D	16～24	406～610
E	42～46	1067～1168
F	28～40	711～1016
G	42	1067
H	28～30	711～762
I	42～54	1067～1372
J	18～24	457～610
K	24～30	610～762
L	62～72	1575～1829
M	20～24	508～610
N	42～48	1067～1219
O	16～20	406～508
P	18	457

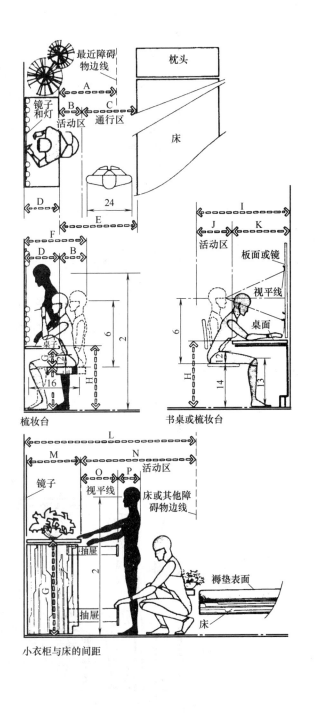

表 2-6　双层床相关设施尺寸

编号	单位/in	单位/mm
A	104	2642
B	18～22	457～559
C	40～44	1016～1118
D	6～8	152～203
E	8～10	203～254
F	10～12	254～305
G	2	51
H	28～38	711～965
I	6～12	152～305
J	64～74	1626～1880
K	46～62	1168～1575

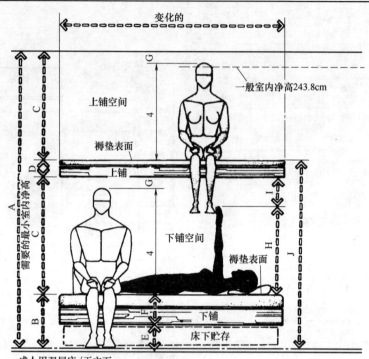

成人用双层床/正立面

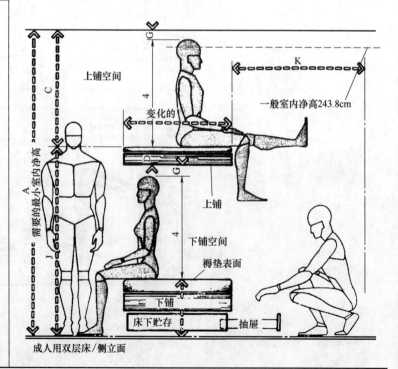

成人用双层床/侧立面

表2-7 儿童双层床及吊床尺寸

编号	单位/in	单位/mm
A	96	2438
B	54.5~62	1384~1575
C	36.5~39	927~991
D	12~15	305~381
E	36.5~39	927~991
F	6~8	152~203
G	14~18	356~457
H	30~39	762~991
I	37~39	940~991
J	34~36	864~914
K	3	76
L	130~136	3302~3454
M	84	2134
N	46~52	1168~1321
O	17	432
P	11	279
Q	5~14	127~356
R	6~8	152~203
S	2	51

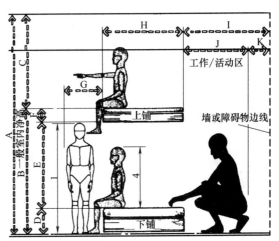

儿童用双层床/侧立面

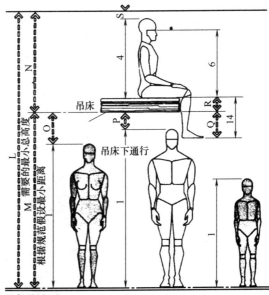

吊床/侧立面

表 2-8　男/女性壁橱和贮存设施尺寸

编号	单位/in	单位/mm
A	64～68	1626～1727
B	72～76	1829～1930
C	12～18	305～457
D	8～10	203～254
E	20～28	508～711
F	34～36	864～914
G	10～12	254～305
H	60～70	1524～1778
I	69～72	1753～1829
J	76	1930
K	68	1727
L	42	1067
M	46	1168
N	30	762
O	18	457

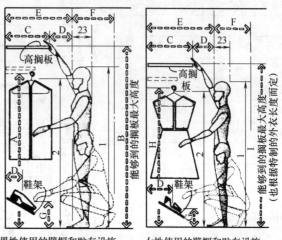

男性使用的壁橱和贮存设施　　女性使用的壁橱和贮存设施

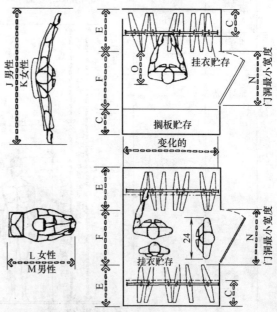

能进人的壁橱和贮存设施

2.1.3　厨房相关设施尺寸

厨房设计相关尺寸主要涉及厨房案台、橱柜和其他电子设备的尺寸及相互间的通行间距等，这些尺寸必须与人体尺寸相吻合才能保证使用者操作的舒适度。在确定厨房案台等相关尺寸时，还要注意使用者的性别以及人体尺寸的各百分位数值的运用，具体尺寸如表2-9～表2-13所示。表中人体尺寸编码含义见表2-1。

表2-9　案台及橱柜相关尺寸

编号	单位/in	单位/mm
A	60～66	1524～1676
B	≥48	≥121.9
C	24～30	610～762
D	36	914
E	48	1219
F	12～13	305～330
G	≤76	≤1930
H	≤72	≤1829
I	59	1499
J	25.5	648
K	24～26	610～660
L	≥15	≥38.1
M	18	457
N	35～36	889～914
O	≤69	≤1753

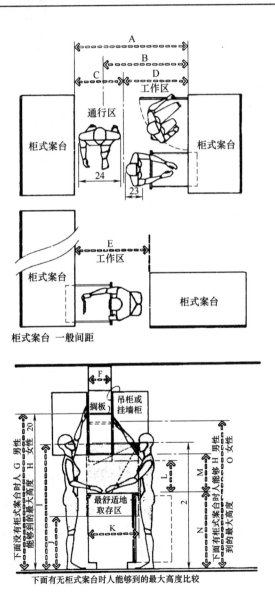

柜式案台　一般间距

下面有无柜式案台时人能够到的最大高度比较

表 2-10　男/女性壁橱和贮存设施尺寸

编号	单位/in	单位/mm
A	≥18	≥45.7
B	≥7.5	≥19.1
C	32	813
D	30	762
E	≤4	≤10.2
F	4	102
G	22~24.5	559~622
H	18	457
I	36	914
J	42	1067

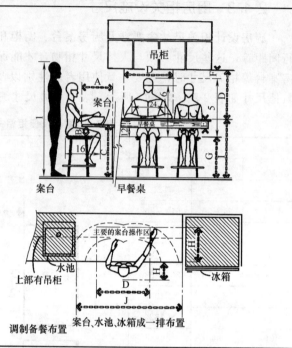

表 2-11　洗碗池设施尺寸

编号	单位/in	单位/mm
A	70~76	1778~1930
B	≥40	≥1016
C	30~36	762~914
D	18	457
E	≥24	≥610
F	28~42	711~1067
G	≥18	≥457
H	≥12	≥305
I	24~26	610~660
J	≥57	≥1448
K	35~36	889~914
L	≥22	≥559
M	3	76
N	4	102

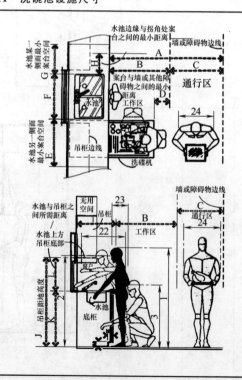

表 2-12 冰箱设施尺寸

编号	单位/in	单位/mm
A	36	914
B	11～14	279～356
C	25.5	648
D	35～36	889～914
E	59	1499
F	55～69.5	1397～1765
G	30～36	762～914

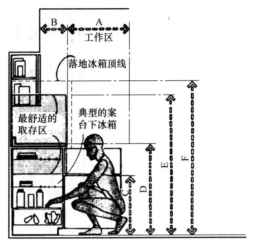

冰箱布置/典型的冰箱位置

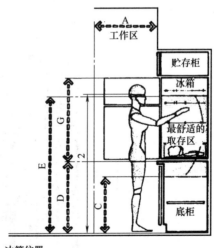

冰箱位置

表 2-13　炉灶设施尺寸

编号	单位/in	单位/mm
A	≥48	≥1219
B	40	1016
C	≥15	≥381
D	21~30	533~762
E	1~3	25~76
F	≥15	≥381
G	19.5~46	495~1168
H	≥12	≥305
I	≥17.5	≥445
J	96~101.5	2438~2578
K	24~27.5	610~699
L	24~26	610~660
M	30	762
N	≥60	≥1524
O	35~36.25	889~921
P	≥24	≥610
Q	≤35	≤889

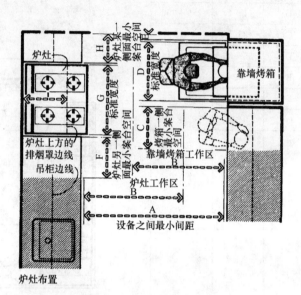

炉灶布置

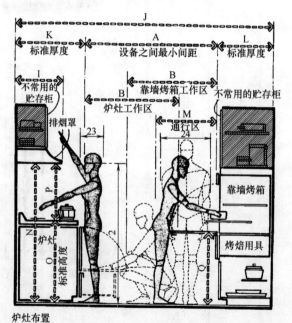

炉灶布置

2.1.4 浴室相关设施尺寸

虽然浴室每天的使用时间不是很长，但是适宜的各种盥洗室设施尺寸是人们更愿意看到的，本节列出了在进行浴室设计时应注意的各种设施与人体尺度的相互关系，具体尺寸如表 2-14～表 2-17 所示。表中人体尺寸编码含义见表 2-1。

表 2-14 盥洗室相关设施尺寸

编号	单位/in	单位/mm
A	15～18	381～457
B	28～30	711～762
C	37～43	940～1092
D	32～36	813～914
E	26～32	660～813
F	14～16	356～406
G	30	762
H	18	457
I	21～26	533～660

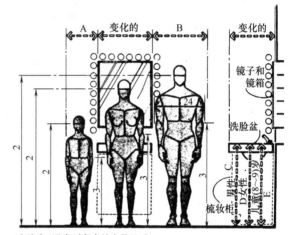

盥洗室/通常要考虑的人体尺寸

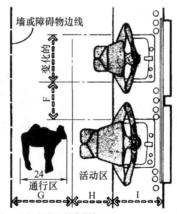

盥洗室/两个洗脸盆的布置间距

表 2-15　厕所相关设施尺寸

编号	单位/in	单位/mm
A	≥12	≥305
B	≥28	≥711
C	≥24	≥610
D	≥52	≥1321
E	12～18	305～457
F	12	305
G	40	1016
H	18	457
I	30	762

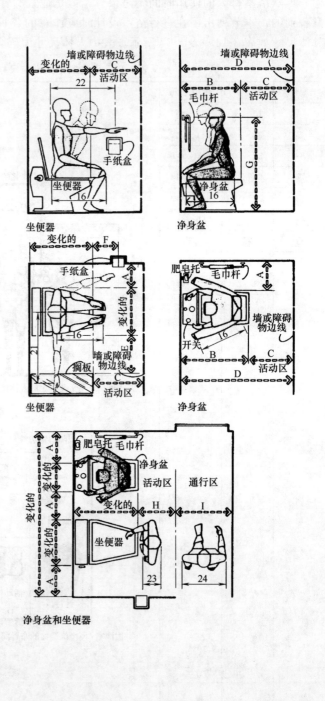

表 2-16 淋浴间相关设施尺寸

编号	单位/in	单位/mm
A	54	1372
B	12	305
C	≥42	≥1067
D	18	457
E	≥36	≥914
F	30	762
G	24	610
H	≥12	≥305
I	15	381
J	40~48	1016~1219
K	40~50	1016~1270
L	≥72	≥1829

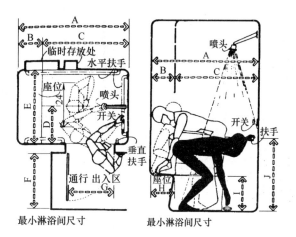

最小淋浴间尺寸　　　　最小淋浴间尺寸

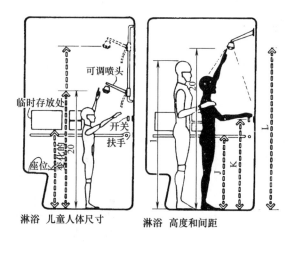

淋浴 儿童人体尺寸　　　　淋浴 高度和间距

表 2-17　浴盆相关设施尺寸

编号	单位/in	单位/mm
A	18～21	457～533
B	40	1016
C	15～22	381～559
D	30～34	762～864
E	40～50	1016～1270
F	66	1676
G	≥12	≥305
H	≤18	≤457
I	26～27	660～686
J	40～44	1016～1118
K	66～70	1676～1778
L	56～60	1422～1524

2.2　办公空间

目前市场上，每年都有大量办公楼设计需求，随着经济的发展，办公环境对业务谈判的方式和规模影响越来越大，业主对办公楼设计人员的要求也越来越高。一个舒适、安全、高效的办公空间只有以人体尺度为基础，解决好各个办公功能区的相关尺度因素，才能使建造办公空间的建筑投入达到最高性价比。因此本小节对人体尺度和各种办公环境之间的关系给出了较为完整的参照数据。

2.2.1 办公空间平面布置图

根据办公空间布局的不同，办公空间可分为普通办公室、高级办公室、休息室、茶水间等区域；根据空间私密性能划分，可分为单独式办公空间（图 2-8）和开敞式办公空间（图 2-9）。

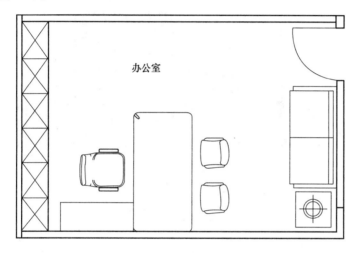

图 2-8 单独式办公空间

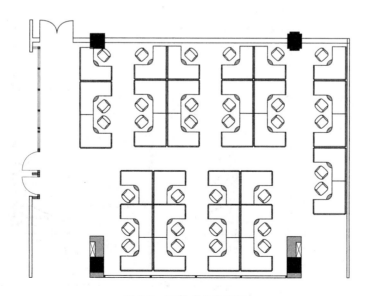

图 2-9 开敞式办公空间

2.2.2　办公室相关设施尺寸

办公室相关设施尺寸如表 2-18～表 2-31 所示。表中人体尺寸编码含义见表 2-1。

表 2-18　经理室办公桌相关设施尺寸

编号	单位/in	单位/mm
A	30～39	762～991
B	66～84	1676～2134
C	21～28	533～711
D	24～28	610～711
E	23～29	584～737
F	≥42	≥1067
G	105～130	2667～3302
H	30～45	762～1143
I	33～43	838～1092
J	10～14	254～356
K	6～16	152～406
L	20～26	508～660
M	12～15	305～381
N	117～148	2972～3759
O	45～61	1143～1549
P	30～45	762～1143
Q	12～18	305～457
R	29～30	737～762
S	22～32	559～813

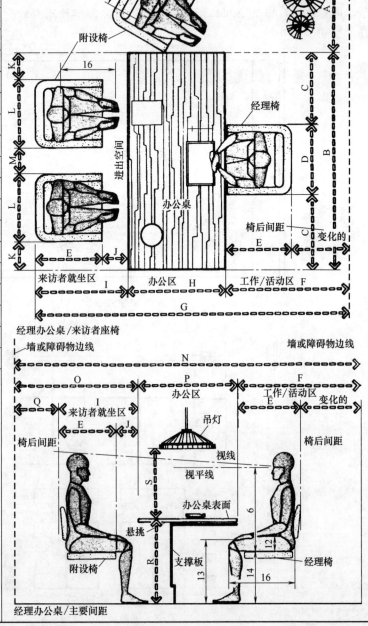

经理办公桌/来访者座椅

经理办公桌/主要间距

表 2-19 经理室文件柜相关设施尺寸

编号	单位/in	单位/mm
A	30～45	762～1143
B	≥42	≥1067
C	18～24	457～610
D	23～29	584～737
E	5～12	127～305
F	14～22	356～559
G	29～30	737～762
H	28～30	711～762
I	≤72	≤1829
J	≤69	≤1753

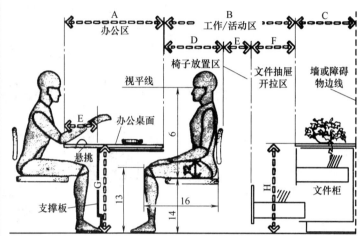

经理办公桌/主要间距

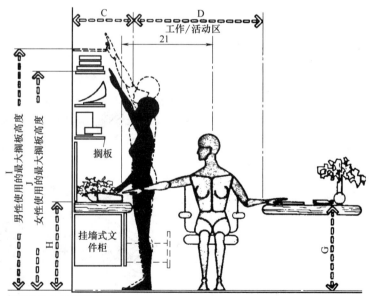

经理办公桌/文件柜布置

表 2-20　经理室圆形办公桌和休息桌相关设施尺寸

编号	单位/in	单位/mm
A	77～88	1956～2235
B	30	762
C	46～58	1168～1473
D	22～28	559～711
E	24～30	610～914
F	24～28	610～711
G	2～3	51～76
H	20～22	508～559
I	48～60	1219～1524
J	24～32	610～813
K	36～42	914～1067
L	6～9	152～229
M	24	610
N	42～60	1067～1524
O	36～48	914～1219
P	57～78	1448～1981
Q	33～48	838～1219
R	12～18	305～457
S	21～30	533～762

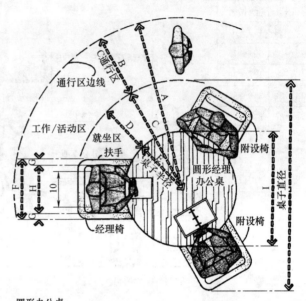

圆形办公桌

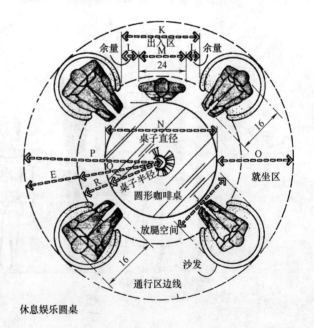

休息娱乐圆桌

表 2-21　普通办公桌相关设施尺寸

编号	单位/in	单位/mm
A	90～126	2286～3200
B	30～36	762～914
C	30～48	762～1219
D	6～12	152～305
E	60～72	1524～1829
F	30～42	762～1067
G	14～18	356～457
H	16～20	406～508
I	18～22	457～559
J	18～24	457～610
K	6～24	152～610
L	60～84	1524～2134
M	24～30	610～762
N	29～30	737～762
O	15～18	381～457

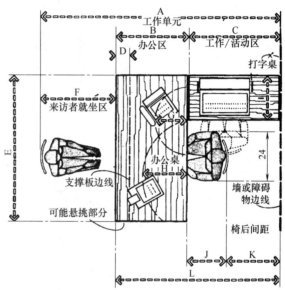

设有来访者用椅的基本工作单元

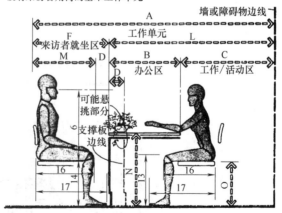

设有来访者用椅的基本工作单元

表 2-22　打字桌及 U 形单元相关设施尺寸

编号	单位/in	单位/mm
A	26～27	660～686
B	14～20	356～508
C	≥7.5	≥191
D	29～30	737～762
E	≥7	≥178
F	18～24	457～610
G	46～58	1168～1473
H	30～36	762～914
I	42～50	1067～1270
J	18～22	457～559
K	60～72	1524～1829
L	76～94	1930～2388
M	94～118	2388～2997

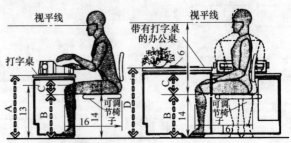

打字桌和办公桌（男性使用）

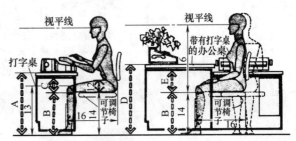

打字桌和办公桌（女性使用）

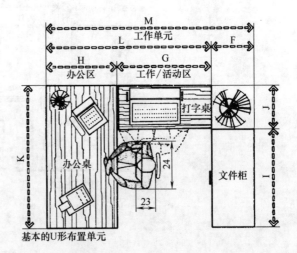

基本的 U 形布置单元

表2-23 办公基本单元相关设施尺寸（一）

编号	单位/in	单位/mm
A	96～128	2438～3251
B	30～36	762～914
C	48～68	1219～1727
D	18～22	457～558
E	18～24	457～610
F	30～44	762～1118
G	29～30	737～762
H	28～30	711～762
I	90～102	2286～2591
J	30	762
K	12	305
L	≥7.5	≥191
M	15～18	381～457

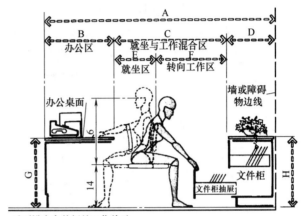

后面设有文件柜的工作单元

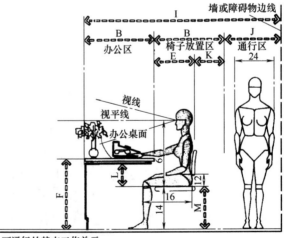

可通行的基本工作单元

表 2-24 办公基本单元相关设施尺寸（二）

编号	单位/in	单位/mm
A	126～150	3200～3810
B	66～78	1676～1981
C	60～72	1524～1829
D	36	914
E	30～42	762～1067
F	30～36	762～914
G	24～30	610～762
H	6～12	152～305
I	12～16	305～406
J	18～20	457～508
K	29～30	737～762
L	120～132	3048～3353
M	60	1524

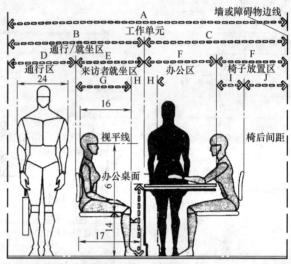

设有来访者用椅并允许通行的基本工作单元

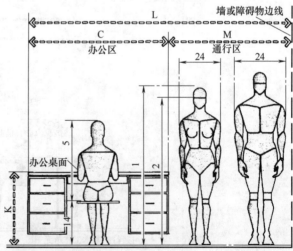

办公桌旁边允许通行的基本单元

表 2-25 相邻办公单元相关设施尺寸（一）

编号	单位/in	单位/mm
A	120~144	3048~3658
B	60~72	1524~1829
C	30~36	762~914
D	29~30	737~762
E	120~168	3048~4267
F	60~96	1524~2438
G	18~24	457~610
H	24~48	610~1219
I	30~48	762~1219
J	18~22	457~559
K	42~50	1067~1270
L	60~72	1524~1829

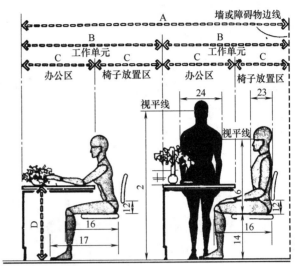

相邻工作单元(成排布置)

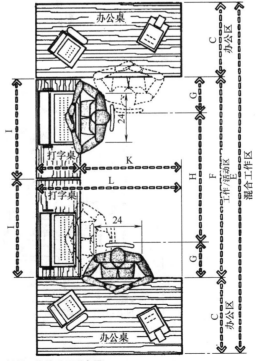

相邻工作单元(U形布置)

表 2-26 相邻办公单元相关设施尺寸（二）

编号	单位/in	单位/mm
A	120～144	3048～3658
B	60～72	1524～1829
C	30～36	762～914
D	18～20	457～508
E	12～16	305～406
F	18～24	457～610
G	12	305
H	53～58	1346～1473
I	29～30	737～762
J	≥15	≥381
K	25～31	635～787
L	78～94	1981～2588
M	42～52	1067～1321
N	48～58	1219～1473
O	30～40	762～1016
P	36～42	914～1067
Q	69～76	1753～1930

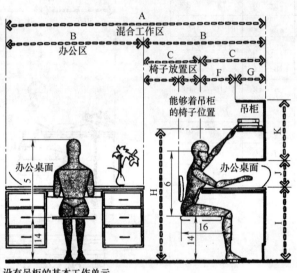

设有吊柜的基本工作单元

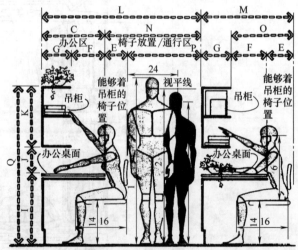

设有吊柜的基本工作单元(成排布置)

表2-27 相邻办公单元相关设施尺寸（三）

编号	单位/in	单位/mm
A	96～112	2438～2845
B	30～36	762～914
C	48～54	1219～1372
D	18～24	457～610
E	30	762
F	18～22	457～559
G	29～30	737～762
H	54～58	1372～1473
I	110～136	2794～3454
J	42～52	1067～1321
K	48～56	1219～1422
L	20～28	508～711
M	12～16	305～406
N	18～26	457～660

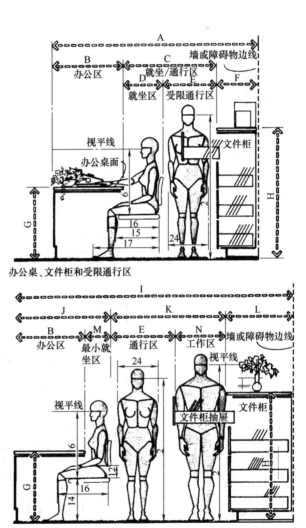

办公桌、文件柜和受限通行区

办公桌和文件柜(侧立面)

表 2-28　相邻办公单元相关设施尺寸（四）

编号	单位/in	单位/mm
A	110～130	2794～3302
B	60～72	1524～1829
C	50～58	1270～1473
D	30	762
E	20～28	508～711
F	54～58	1372～1473
G	29～30	737～762
H	91～108	2337～2743
I	36	914
J	56～72	1422～1829
K	36～44	914～1118
L	18	457
M	18～26	457～660

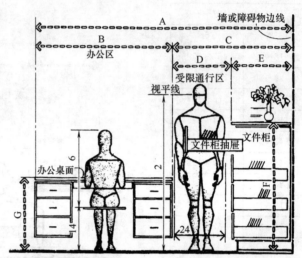

办公桌与文件柜(正立面)

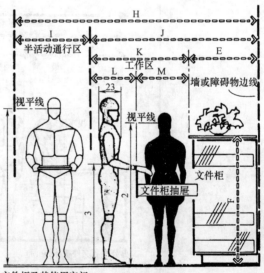

文件柜及其使用空间

表 2-29　相邻办公单元相关设施尺寸（五）

编号	单位/in	单位/mm
A	106～138	2692～3505
B	20～28	508～711
C	66～82	1676～2083
D	18～26	457～660
E	48～56	1219～1422
F	30	762
G	54～58	1372～1473
H	122～138	3099～3505
I	34～42	864～1067
J	40～54	1016～1372
K	18～22	457～559
L	16～20	406～508
M	18	457
N	22～36	559～914

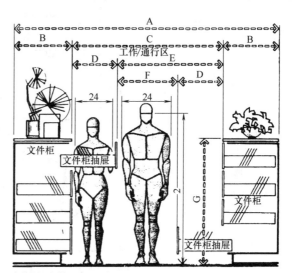

文件柜之间的距离与通行区

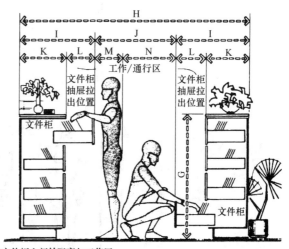

文件柜之间的距离与工作区

表 2-30　相邻办公单元相关设施尺寸（六）

编号	单位/in	单位/mm
A	68～96	1727～2438
B	30～36	762～914
C	38～60	965～1524
D	20～24	508～610
E	18～36	457～914
F	18	457
G	3	76
H	14～18	356～457
I	4	102
J	22～24.5	559～622
K	≥7.5	≥191
L	34～39	864～991
M	42～44	1067～1118
N	≥7	≥178
O	40～42	1016～1067

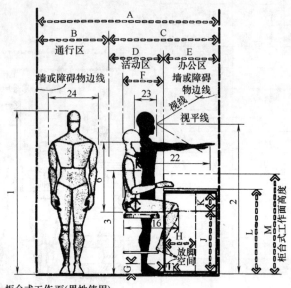

柜台式工作面(男性使用)

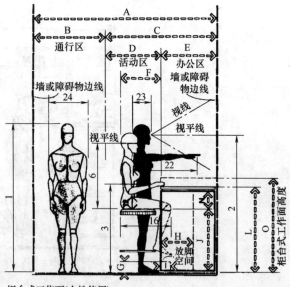

柜台式工作面(女性使用)

表 2-31　屏风隔断尺寸

编号	单位/in	单位/mm
A	40～44	1016～1118
B	47～50	1194～1270
C	60～64	1524～1626
D	78～80	1981～2032
E	96	2438

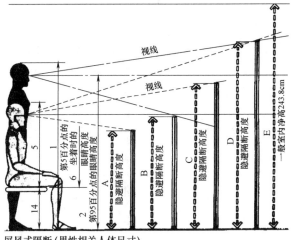

屏风式隔断（男性相关人体尺寸）

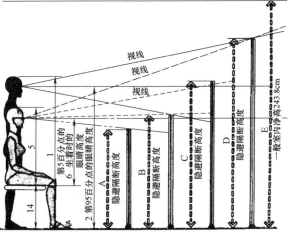

屏风式隔断（女性相关人体尺寸）

2.2.3 接待室相关设施尺寸

接待室一般是接待和洽谈的地方，有时也是产品展示的地方，因此在空间设计上需要注意来访者座椅、接待桌、指示牌、企业标志物和绿色植物的位置。接待室设计是企业对外交往的窗口，因此在接待室设计中应注意提升企业文化，给人以温馨、和谐的感觉，设置的数量、规格要根据企业公共关系活动的实际情况而定。相关设施尺寸如表2-32和表2-33所示。表中人体尺寸编码含义见表2-1。

表 2-32　接待室相关设施尺寸（一）

编号	单位/in	单位/mm
A	22	559
B	46～52	1168～1321
C	18～22	457～559
D	24～30	610～762
E	44	1118
F	76	1930
G	92～104	2337～2642

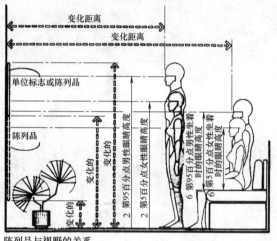

陈列品与视野的关系

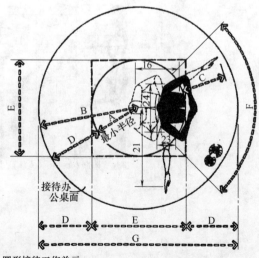

圆形接待工作单元

表 2-33 接待室相关设施尺寸（二）

编号	单位/in	单位/mm
A	40～48	1016～1219
B	≥24	≥610
C	18	457
D	22～30	559～762
E	≥78	≥1981
F	24～27	610～686
G	36～39	914～991
H	8～9	203～229
I	2～4	51～102
J	4	102
K	44～48	1118～1219
L	≥34	≥864
M	44～48	1118～1219
N	54	1372
O	26～30	660～762
P	24	610
Q	30	762
R	15～18	381～457
S	29～30	737～762
T	10～12	254～305
U	6～9	152～229
V	39～42	991～1067

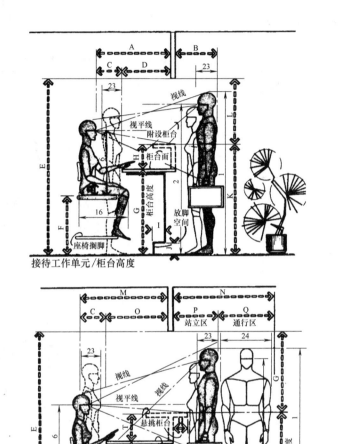

接待工作单元/柜台高度

接待工作单元/办公桌高度

2.2.4 会议室相关设施尺寸

会议室是办公空间中重要的场所之一，也是企业必不可少的办公配套用房。会议室应设置在远离外界嘈杂、喧哗的位置。从安全角度考虑，应有宽敞的出入口及紧急疏散通道，并应有配套的防火、防烟报警装置及消防器材。会议室的设置应符合防止泄密、便于使用和尽量减少外来噪声干扰的要求。根据面积的大小，会议室一般分为大、中、小3种不同类型，并且根据会议组织性质和方式的不同，会议室的布局也不同，对会议桌的尺寸及桌子周边长度的余量要求也不同。大的会议室常采用教室或报告厅式布局，座位分主席台和听众席；中小会议室常采用圆桌或长条桌式布局，与会人员围坐，利于开展讨论。本小节对常见会议室的布置给出了一些参考尺寸数据，如表 2-34～表 2-36 所示。表中人体尺寸编码含义见表 2-1。

表 2-34　会议室相关设施尺寸（一）

编号	单位/in	单位/mm
A	72～96	1829～2438
B	18～24	457～610
C	8～12	203～305
D	20～24	508～610
E	36～48	914～1219
F	72～102	1829～2591
G	36～54	914～1372
H	29～30	737～762
I	16～17	406～432

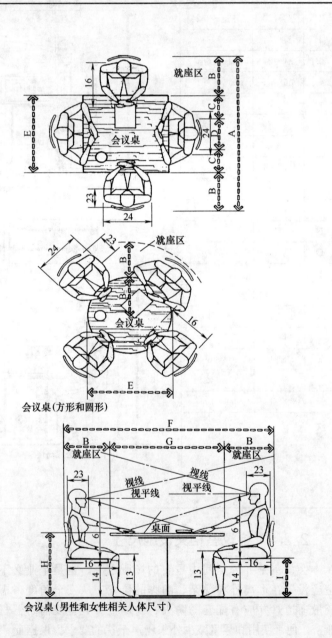

会议桌（方形和圆形）

会议桌（男性和女性相关人体尺寸）

表 2-35 会议室相关设施尺寸（二）

编号	单位/in	单位/mm
A	48～60	1219～1524
B	4～6	102～152
C	20～24	508～610
D	6～10	152～254
E	18～24	457～610
F	30～36	762～914
G	54～60	1372～1524
H	30	762
I	72～81	1829～2057
J	42～51	1067～1295
K	24～27	610～686

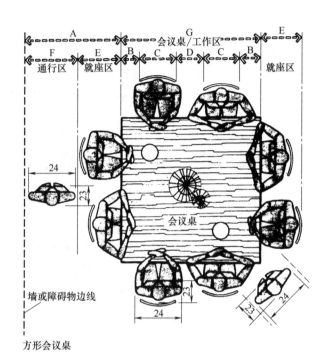

方形会议桌

圆形会议桌

表 2-36　会议室相关设施尺寸（三）

编号	单位/in	单位/mm
A	138～180	3505～4572
B	18～24	457～610
C	12～21	305～533
D	32～36	813～914
E	14～18	356～457
F	108～132	2743～3353
G	24～36	610～914
H	60	1524
I	30	762
J	72	1829
K	24～28	610～711
L	3～6	76～152
M	12～16	305～406

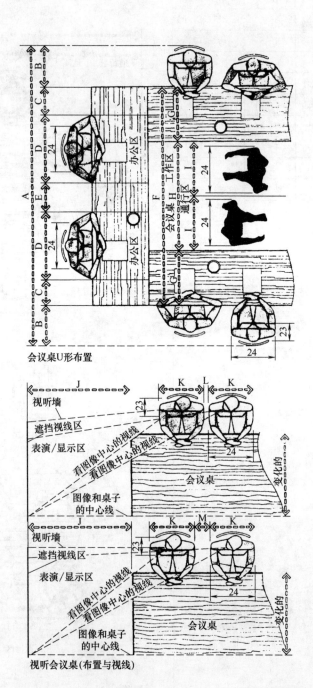

会议桌U形布置

视听会议桌(布置与视线)

2.3　餐饮

为了处理好顾客与餐厅之间的关系，在设计餐厅时必须要考虑通行和服务走道的宽度、座椅表面和餐桌地面之间给人体大腿和膝盖的预留空间、轮椅通道宽度以及餐桌周围的空间大小等，如图 2-10 和图 2-11 所示。进餐区相关设施尺寸如表 2-37～表 2-43 所示。表中人体尺寸编码含义见表 2-1。

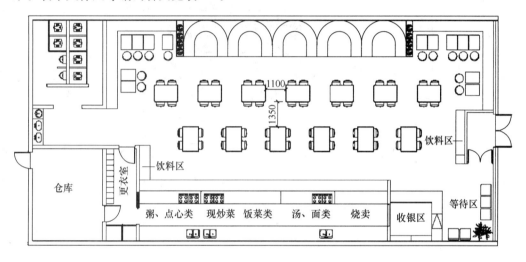

图 2-10　某快餐店平面布置图

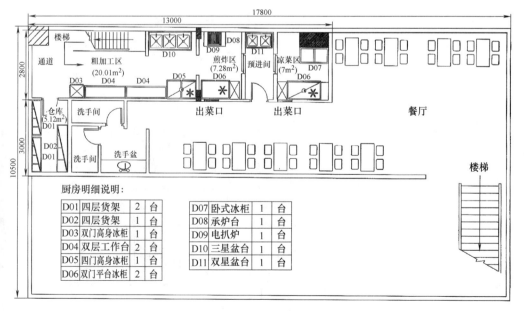

图 2-11　某餐厅平面布置图

表 2-37 进餐区相关设施尺寸（一）

编号	单位/in	单位/mm
A	66～78	1676～1981
B	18～24	457～610
C	30	762
D	14	356
E	2	51
F	24	610
G	72～84	1829～2134
H	36	914
I	16	406
J	4	102
K	76～88	1930～2235
L	40	1016
M	8	203

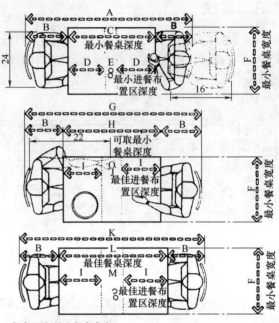

餐桌尺寸(最小餐桌宽度)

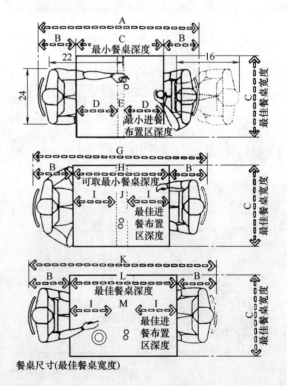

餐桌尺寸(最佳餐桌宽度)

表 2-38　进餐区相关设施尺寸（二）

编号	单位/in	单位/mm
A	76~88	1930~2235
B	66~78	1676~1981
C	40	1016
D	30	762
E	16~17	406~432
F	29~30	737~762
G	18~24	457~610
H	31	787
I	≥30	≥762
J	≥29	≥737

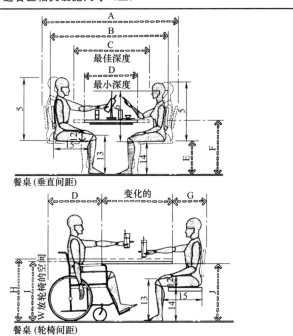

餐桌(垂直间距)

餐桌(轮椅间距)

表 2-39　进餐区相关设施尺寸（三）

编号	单位/in	单位/mm
A	48	1219
B	18	457
C	30	762
D	96~108	2438~2743
E	18~24	457~610
F	60	1524
G	30~36	762~914
H	36	914

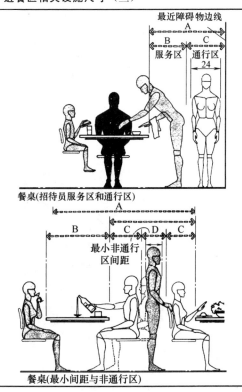

餐桌(招待员服务区和通行区)

餐桌(最小间距与非通行区)

表 2-40 进餐区相关设施尺寸（四）

编号	单位/in	单位/mm
A	54~66	1372~1676
B	30~40	762~1016
C	18~24	457~610
D	18	457
E	36	914

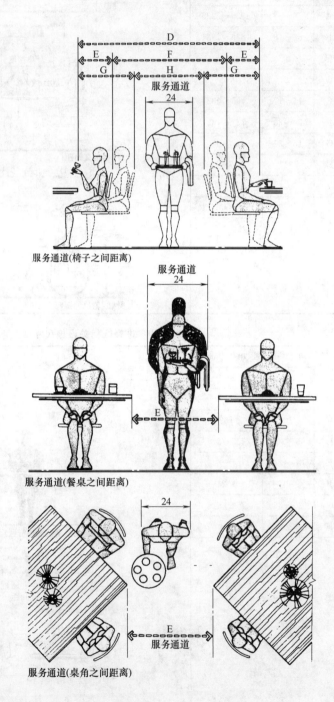

服务通道(椅子之间距离)

服务通道(餐桌之间距离)

服务通道(桌角之间距离)

表 2-41　进餐区相关设施尺寸（五）

编号	单位/in	单位/mm
A	48～54	1219～1372
B	24～30	610～762
C	48	1219
D	36	914
E	18～24	457～610
F	30～36	762～914

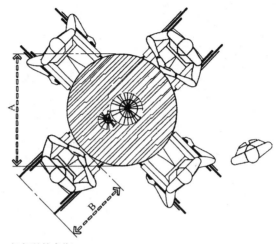

餐桌(轮椅座位)

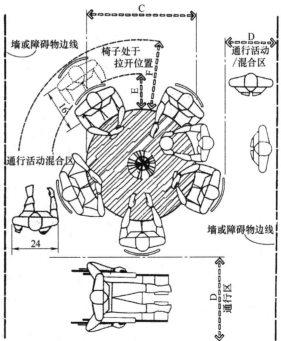

餐桌周边通行区

表 2-42　进餐区相关设施尺寸（六）

编号	单位/in	单位/mm
A	72～76	1829～1930
B	36～38	914～965
C	30	762
D	24	610
E	12～14	305～356
F	108	2743
G	54	1372
H	24	610

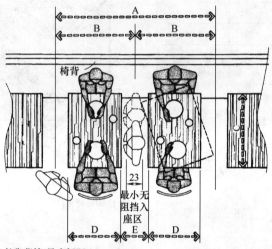

长靠背椅(最小间距)

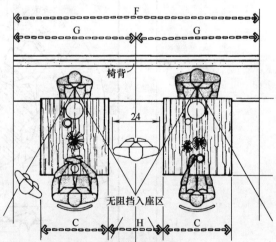

长靠背椅(声觉与视觉互不干扰的推荐间距)

表 2-43 进餐区相关设施尺寸（七）

编号	单位/in	单位/mm
A	65～80	1651～2032
B	17.5～20	445～508
C	30～40	762～1016
D	2～4	51～102
E	15.5～16	394～406
F	30	762
G	36	914
H	18	457
I	48～54	1219～1372
J	16～17	406～432
K	29～30	737～762

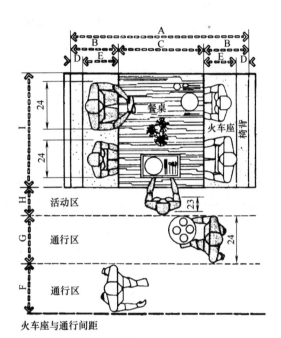

火车座与通行间距

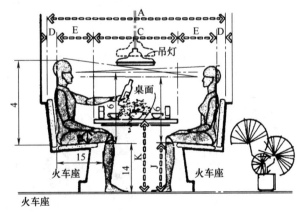

火车座

2.4　商业

商业空间的重点在于商品的陈列与出售，设计时要考虑顾客与商品陈列之间的关系、店员于顾客之间的关系、店员与陈列商品之间的关系等。商业空间设计尺寸如表2-44～表2-53所示。表中人体尺寸编码含义见表2-1。

表 2-44　人体视野相关尺寸

编号	单位/in	单位/mm
A	68.6	1742
B	56.3	1430
C	27.0	687
D	14.7	374
E	28.0	712
F	28.3	720
G	41.5	1054
H	28.6	726
I	47.8	1215
J	36.3	922
K	54.8	1391
L	42.5	1078
M	83.1	2111
N	69.3	1759
O	55.4	1408
P	41.6	1056
Q	27.7	704
R	72	1829
S	60	1524
T	48	1219
U	36	914
V	24	610
W	12	305
X	84	2134

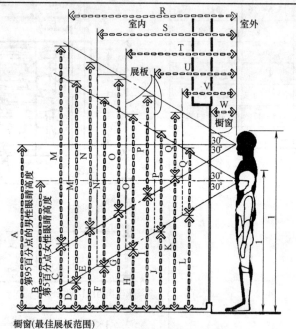

橱窗(最佳展板范围)

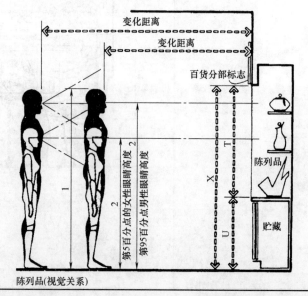

陈列品(视觉关系)

表 2-45 商业通道相关尺寸（一）

编号	单位/in	单位/mm
A	≥66	≥1676
B	18	457
C	72	1829
D	26~30	660~762
E	116~120	2946~3048
F	30~36	762~914
G	18~36	457~914
H	≥18	≥457
I	≥51	≥1295
J	66~90	1676~2286

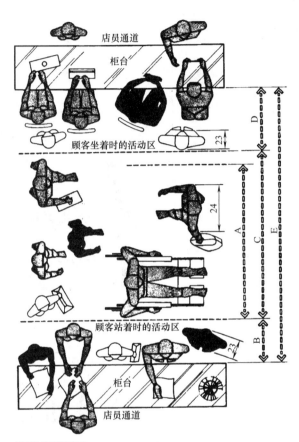

主要公共通道宽度

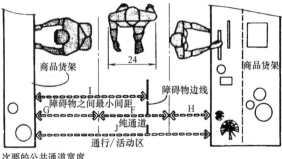

次要的公共通道宽度

表 2-46　商业通道相关尺寸（二）

编号	单位/in	单位/mm
A	42	1067
B	60	1524
C	18	457
D	25	635
E	≥36	≥914

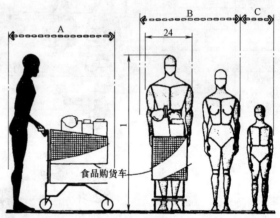

食品购货车

顾客通行间距

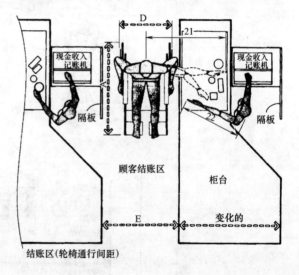

现金收入记账机

隔板

顾客结账区

柜台

变化的

结账区(轮椅通行间距)

表 2-47 商业货架相关尺寸（一）

编号	单位/in	单位/mm
A	≤48	≤1219
B	30～36	762～914
C	≥51	≥1295
D	66	1676
E	72	1829
F	84～96	2134～2438
G	20～26	508～660
H	28～30	711～762
I	18～24	457～610
J	≥18	≥457
K	≤72	≤1829
L	4	102
M	42	1067
N	≥26	≥660

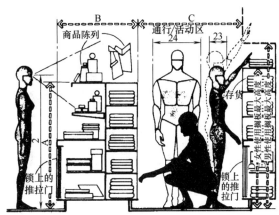

典型的商品货架

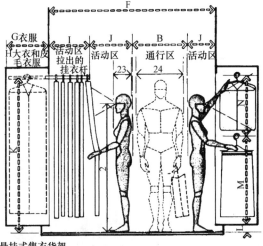

悬挂式售衣货架

表 2-48   商业货架相关尺寸（二）

编号	单位/in	单位/mm
A	32	813
B	≥36	≥914
C	60	1524
D	≤63	≤1600
E	≤15	≤381
F	108	2743
G	30	762
H	48	1219
I	≤48	≤1219
J	30～32	762～813

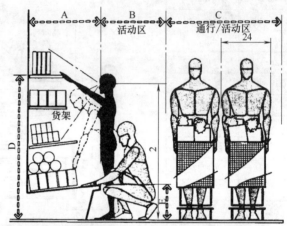

大型货架旁的通行(活动区)

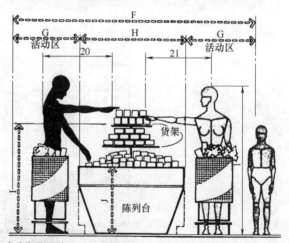

岛式商品陈列

表 2-49　商业活动区相关尺寸

编号	单位/in	单位/mm
A	≥72	≥1829
B	36	914
C	≥30	≥762
D	48	1219
E	192	4877

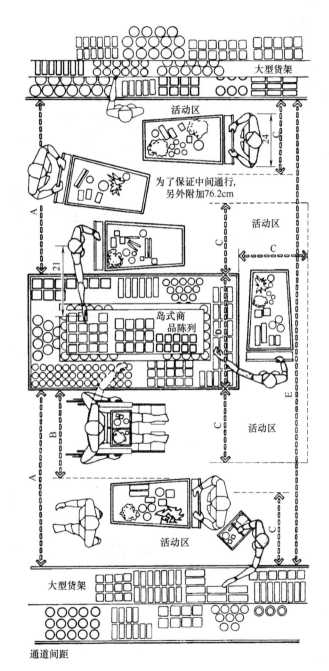

表 2-50　商业柜台相关尺寸

编号	单位/in	单位/mm
A	36	914
B	26～30	660～762
C	18～24	457～610
D	≥30	≥762
E	10	254
F	21～22	533～558
G	5	127
H	23～25	584～635
I	4～6	102～152
J	34～36	864～914
K	30	762
L	16～17	406～432

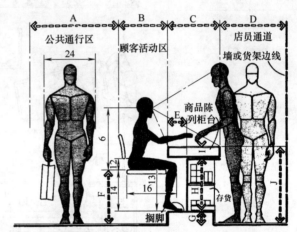

顾客坐着购货(最佳柜台高度)

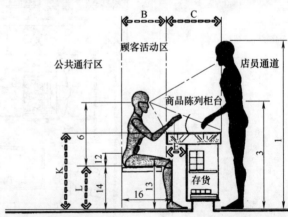

顾客坐着购货(低柜台高度)

表 2-51 售货区域尺寸

编号	单位/in	单位/mm
A	26～30	660～762
B	18～24	457～610
C	42	1067
D	28	711
E	84～112	2134～2845
F	18	457
G	18～24	457～610
H	30～48	762～1219
I	18～22	457～559
J	35～38	889～965
K	72	1829

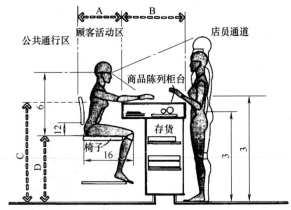

顾客坐着购货(高柜台高度)

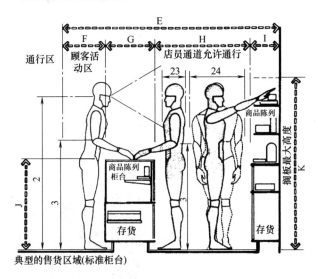

典型的售货区域(标准柜台)

表 2-52 书店陈列区与鞋店试鞋区相关尺寸

编号	单位/in	单位/mm
A	≥66	≥1676
B	≥18	≥457
C	≥30	≥762
D	36	914
E	68	1727
F	48	1219
G	≥36	≥914
H	66	1676
I	72	1829
J	60~66	1524~1676

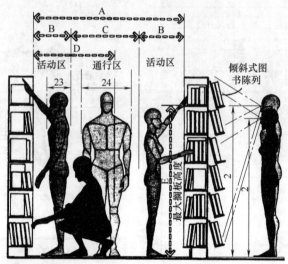

书店(陈列区)

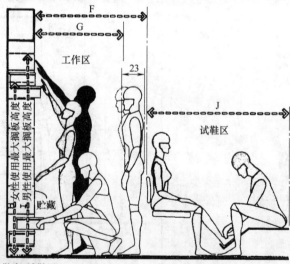

鞋店(试鞋区)

表 2-53 服装店相关设施尺寸

编号	单位/in	单位/mm
A	≥48	≥1219
B	54～58	1372～1473
C	42	1067
D	12～16	305～406
E	≥68	≥1727
F	≥75	≥1905
G	4	102
H	16	406
I	≥36	≥914
J	24	610
K	29～32	737～813
L	48	1219
M	26	660
N	18	457
O	30	762
P	18～24	457～610
Q	6～10	152～254
R	35～36	889～914
S	35	889

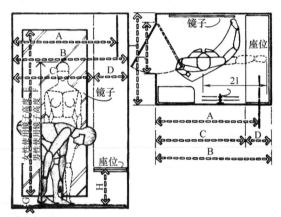

试衣室

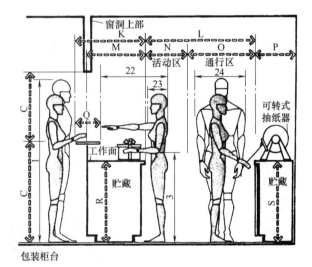

包装柜台

2.5　医院

目前，社会对医疗机构的需求日益增加，像其他类型的建筑一样，人体尺寸和医疗卫生设施空间之间的关系也极为重要。在医疗观察室、护士站、病房等常用空间的设计中，人体尺寸、空间、设备三者之间的关系更是不容忽视。本小节介绍了一些医院中常用的空间情况，并为初步设计提供了一些参考，具体尺寸如表 2-54～表 2-61 所示。表中人体尺寸编码含义见表 2-1。

表 2-54　护士站设施相关尺寸

编号	单位/in	单位/mm
A	15～18	381～457
B	3～3.5	76～89
C	18	457
D	≥36	≥914
E	20	508
F	21～21.5	533～546
G	≥56	≥1422
H	42～43	1067～1092
I	15～18	381～457
J	30	762

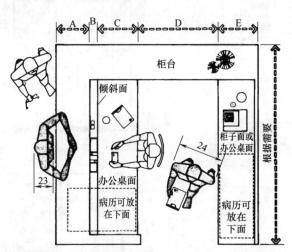

护士站/平面

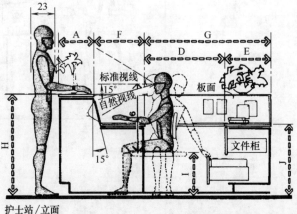

护士站/立面

表 2-55　病房设施相关尺寸（一）

编号	单位/in	单位/mm
A	87	2210
B	96	2438
C	≥30	≥762
D	39	991
E	≥99	≥2515
F	2~3	51~76
G	15	381
H	≥54	≥1372

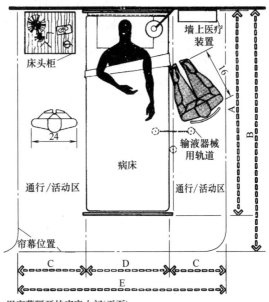

用帘幕隔开的病床小间(平面)

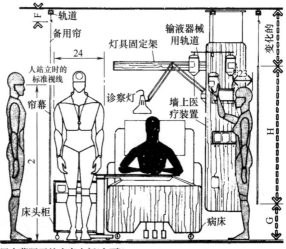

用帘幕隔开的病床小间(立面)

表 2-56　病房设施相关尺寸（二）

编号	单位/in	单位/mm
A	≥30	≥762
B	39	991
C	21	533
D	90	2286
E	54	1372
F	87	2210
G	140	3556
H	≥54	≥1372

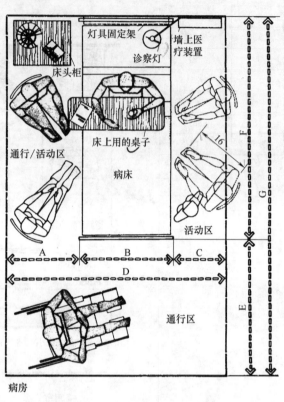

病房

病房（轮椅活动空间）

表 2-57 病房设施相关尺寸（三）

编号	单位/in	单位/mm
A	17～18	432～457
B	18	457
C	5～6	127～152
D	20	508
E	28.5～30	724～762
F	39	991
G	96～99	2438～2515
H	48～66	1219～1676
I	87	2210
J	48	1219
K	≤18	≤457
L	≤40	≤1016
M	≤34	≤864
N	≥30	≥762
O	36	914

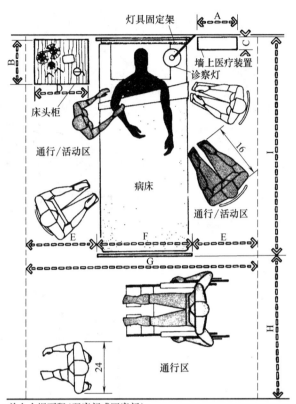

单人占据面积（双床间或四床间）

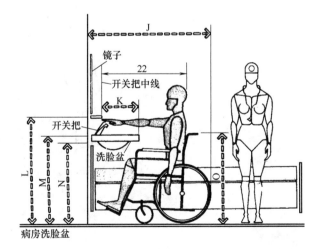

病房洗脸盆

表 2-58　病房出入口相关尺寸

编号	单位/in	单位/mm
A	60	1524
B	46～48	1168～1219
C	87	2210
D	39	991

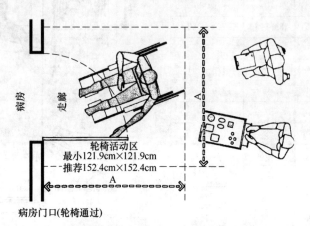

病房门口(轮椅通过)

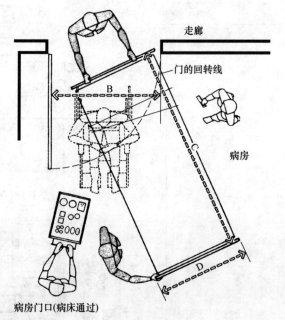

病房门口(病床通过)

表 2-59 看片室相关设施尺寸

编号	单位/in	单位/mm
A	5～6	127～152
B	18	457
C	24	610
D	36	914
E	72	1829
F	30	762
G	52.5	1334

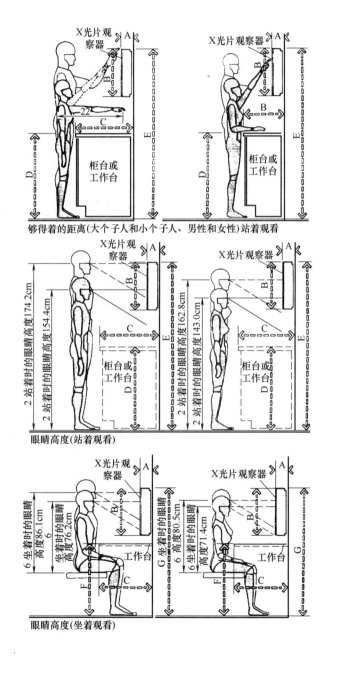

表 2-60　观察室与实验室相关设施尺寸

编号	单位/in	单位/mm
A	30	762
B	24	610
C	18	457
D	30~36	762~914
E	34~38	864~965
F	27	686
G	12~15	305~381
H	≤39	≤991
I	≤42	≤1067

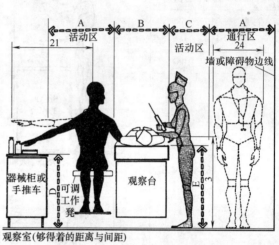

观察室(够得着的距离与间距)

实验室(女性使用)

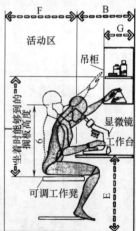

实验室(男性使用)

表 2-61　仪器柜与洗涤池相关设施尺寸

编号	单位/in	单位/mm
A	18～22	457～559
B	36～40	914～1016
C	12～18	305～457
D	18～21	457～533
E	18	457
F	≤60	≤1524
G	35～36	889～914
H	≤72	≤1829
I	21	533
J	18～24	457～610
K	37～43	940～1092
L	≤54	≤1372
M	24	610
N	30～36	762～914
O	≤56	≤1422
P	≤69	≤1753
Q	32～36	813～914
R	≤48	≤1219

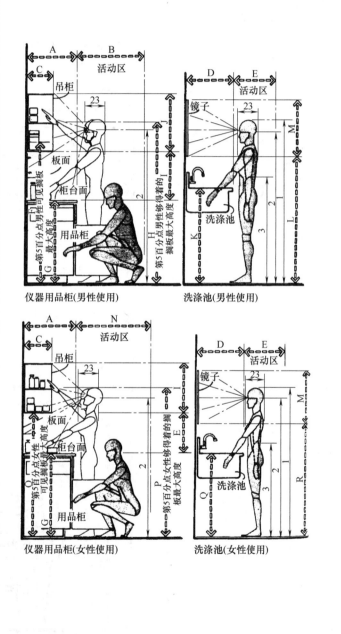

仪器用品柜(男性使用)　　洗涤池(男性使用)

仪器用品柜(女性使用)　　洗涤池(女性使用)

2.6　教育

　　教育类场所一般涉及少年儿童的学习场地，因此该类空间需参照我国少年儿童的身体发育情况进行设计，尽量提高使用者在使用时的舒适性，具体尺寸如表 2-62～表 2-64 所示。表中人体尺寸编码含义见表 2-1。

表 2-62　画室相关设施尺寸

编号	单位/in	单位/mm
A	108	2743
B	84	2134
C	24	610
D	42	1067
E	36	914
F	48	1219
G	72	1829
H	72～86	1829～2184
I	30～36	762～914
J	18	457

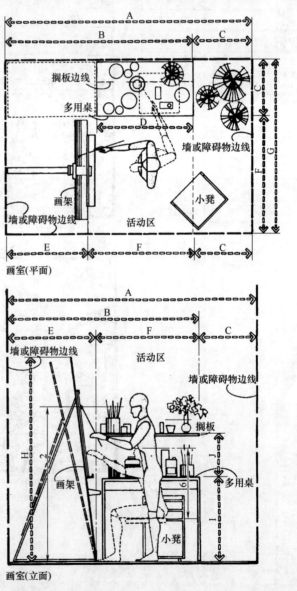

画室(平面)

画室(立面)

表 2-63　绘图室相关设施尺寸

编号	单位/in	单位/mm
A	108～120	2743～3048
B	36	914
C	36～48	914～1219
D	21～27.5	533～699
E	7.5	191
F	48～60	1219～1524
G	36～60	914～1524
H	30	762
I	12	305
J	54～60	1372～1524
K	27～30	686～762

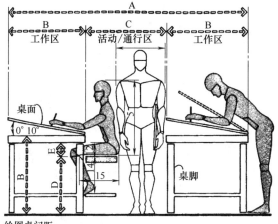

绘图桌间距

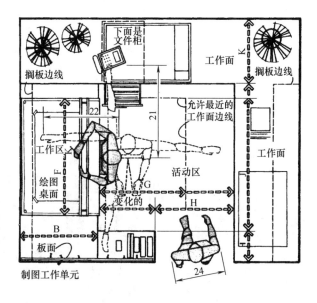

制图工作单元

表 2-64　工艺活动室相关设施尺寸

编号	单位/in	单位/mm
A	18～36	457～914
B	18	457
C	6～9	152～229
D	7～9	178～229
E	34～36	864～914
F	84	2134
G	18～24	457～610
H	29～30	737～762
I	65	1651
J	36	914
K	30	762
L	15	381
M	21	533
N	24	610
O	22～27	559～686
P	29	737
Q	34	864
R	33	838
S	26	660
T	16	406

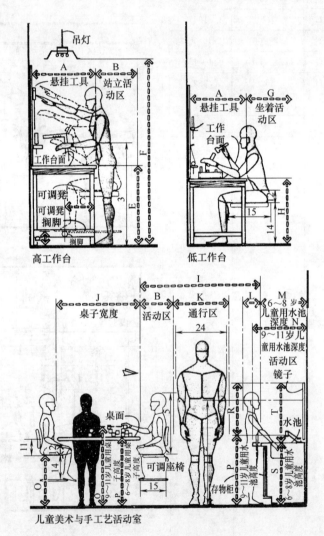

高工作台　　低工作台

儿童美术与手工艺活动室

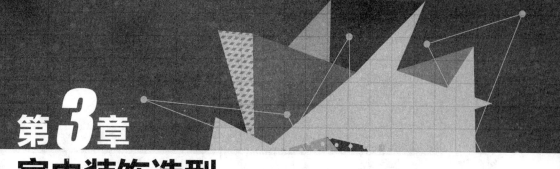

第**3**章
室内装饰造型

3.1 客厅电视墙

客厅是居家中最为主要的一个功能区，电视背景墙的造型设计好坏，直接决定客厅装修效果的好坏。电视背景墙造型设计首先要结合原有的户型结构、业主的生活习惯、喜欢的装修风格以及对功能的需求等，在考虑风格和收纳功能的同时，还要考虑便于清洁等因素。

（1）利用电视墙巧妙改变客厅的进深视觉

客厅电视墙一般距离沙发 3m 左右，这样的距离是适合人眼观看的距离，进深过大或过小都会造成人的视觉疲劳。如果电视墙的进深大于 3m，那么在设计上电视墙的宽度要尽量大于深度，墙面装饰应该丰富，这样才能在整个视觉上显得饱满而不空旷。简单的处理方法就是给电视墙贴壁纸、装饰壁画或给电视墙上刷上不同颜色的彩漆，然后在这个基础上加上一些小的装饰画框，那么效果将会大不相同。如果客厅比较窄，电视墙到沙发的距离不足 3m，那么在电视墙的设计上就要注意做到对空间有扩展的感觉。错落的格局能起到平面落差的视觉效果，视觉上这种电视墙给人的感觉后退了一步。还可以在墙上安装一些突出的装饰物，能很好地弱化电视墙的厚度，使整个客厅有了层次感和立体感。

图 3-1　石材背景墙

（2）客厅电视墙材质的选择

材质的应用在电视背景墙中很灵活，主要有玻璃、石材、木材、壁纸、墙漆、石膏板、瓷砖等，如图 3-1 和图 3-2 所示。与通常人们认为的每种材料各自营造固定的风格不同，几乎各种材质都可以做电视墙的背景，能营造出多种风格。

图 3-2　玻璃、壁纸背景墙

（3）客厅电视墙的合理面积

电视墙作为视觉的焦点，它的面积大小和整个客厅的空间比例应该协调。在设计中不能过大或过小，要考虑客厅不同角度的视觉效果。有些电视墙设计的又大又复杂，与空间极不协调；又如客厅较小，却将电视墙造型设计的很大或者选择鲜亮、刺眼的颜色；还有的电视墙区域饰品的布置中，摆设或悬挂了许多装饰品，尽管装饰品之间本身很协调，但是这种集中布置形成的"密"同客厅其他墙面的摆设和悬挂物未形成疏密间隔、相映成趣的节奏。所以，电视墙的面积大小、造型和装饰布置，一定要符合空间的整体美学要求。

（4）客厅电视墙的造型装饰

从造型上讲，电视背景墙的造型可分为对称式（也称为均衡式）、非对称式、复杂构成和简洁构成。选择什么样的造型主要与整个家居环境相关联，因为背景墙只是整个家居设计的一部分。在设计时，既要考虑整个环境的风格和色彩，采用那种造型更好看，达到既能满足功能的需求，又能反映装修风格，烘托环境气氛等特点。在现实生活中，对称式一般给人比较规律、整齐的感觉，非对称式一般比较灵活，感觉比较个性。如图 3-3 所示。

图 3-3　非对称式背景墙

（5）客厅电视墙颜色的选择

电视墙的色彩一定要从业主的角度考虑，职业、性格、受教育的程度不同，对于色彩的认识、理解和好恶也不同。通过色彩，业主可以表达情感，同时也能用色彩寄托精神追求，表现独特的观念和信仰。电视墙采用不同的颜色，创造的空间性格形象是不一样的。例如，黑白灰能表达安静、严谨的气氛，同时也表达出简洁、明快、现代等风格；浅黄色、浅棕色等明度比较高的色彩能够传达出清晰的自然气息；艳丽丰富的色彩，则可以把豪爽热情的性格体现得淋漓尽致。此外，电视墙的色彩还可以从室内光线、层高、风格和材质本身固有色等方面考虑。

（6）小户型客厅电视墙的装饰技巧

小户型虽然小，但是业主追求家居美观的想法都是一样的。这就涉及电视背景墙的问题。首先要注意电视墙的体积不宜过大，颜色要以适宜的略显灰色为宜；其次为不使眼睛过于疲劳，可以通过电视墙两侧设计上背光，从而缓解电视对眼睛的伤害；最后还可以通过电视背景墙的装饰使整个客厅更具艺术的感染力。现在用于电视墙表面的材料种类很多，有石材、玻璃、金属、壁纸等，因为户型小面积有限，所以一般不适合那些太过毛糙或厚重的石材类材料，局部使用镜子会给空间带来扩大视野的效果，但是需要注意的是镜子的面积不宜过大，否则会给人带来眼花缭乱的感觉。另外，壁纸类材料往往能给小户型带来温馨多变的面孔，所以深得人们的喜爱。如图3-4所示。

图3-4 小户型客厅电视墙

（7）电视墙造型案例

下面通过八个实际案例来描述一下实际工程中的电视墙造型装饰。

① 案例一，见图3-5～图3-8。

② 案例二，见图3-9～图3-11。

③ 案例三，见图3-12。

④ 案例四，见图3-13和图3-14。

⑤ 案例五，见图3-15和图3-16。

⑥ 案例六，见图3-17和图3-18。

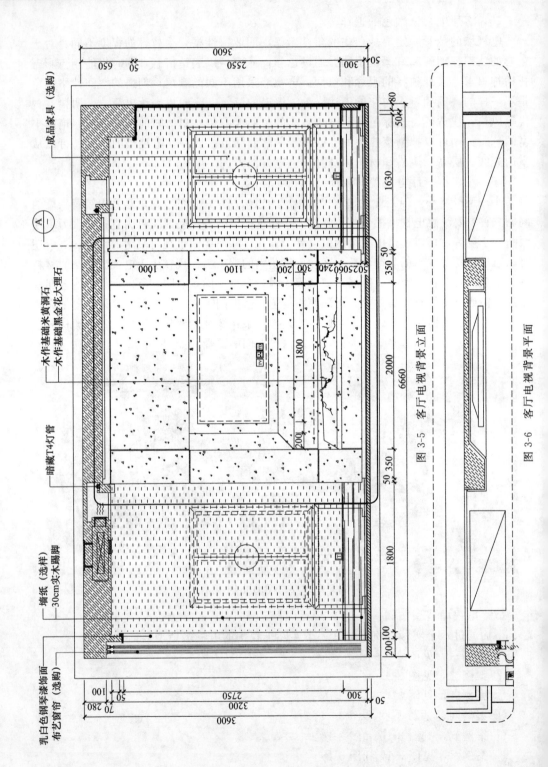

成品家具（选购）

木作基础米黄洞石
木作基础黑金花大理石

暗藏T4灯管

墙纸（选样）
30cm实木踢脚

乳白色钢琴漆饰面（选购）
布艺窗帘

图 3-5　客厅电视背景立面

图 3-6　客厅电视背景平面

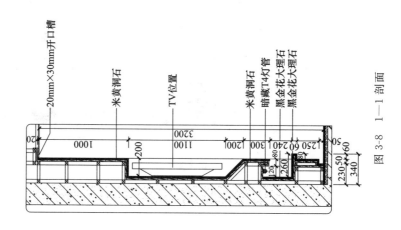

图 3-8 1—1 剖面

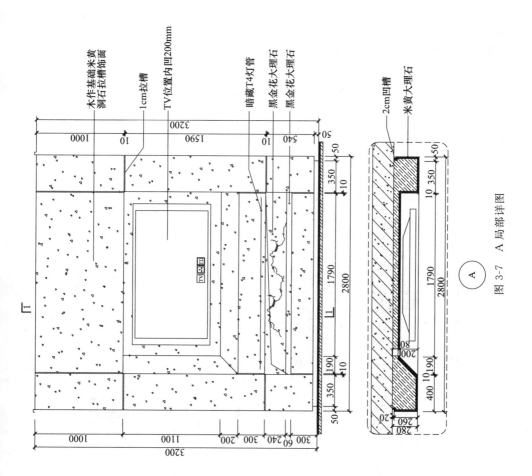

图 3-7 A 局部详图

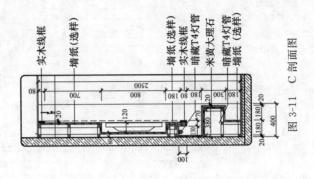

图 3-11　C 剖面图

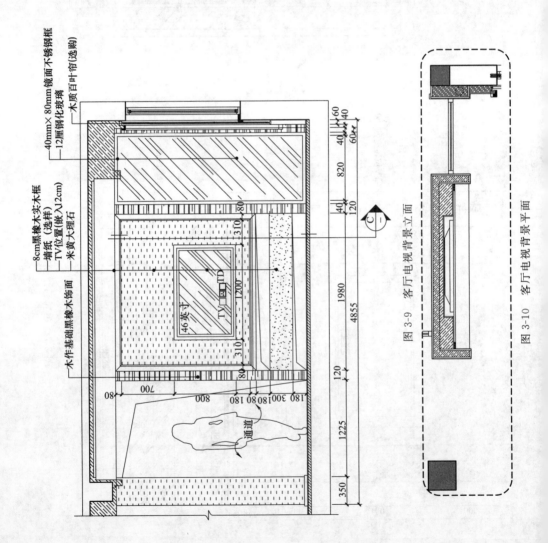

图 3-9　客厅电视背景立面

图 3-10　客厅电视背景平面

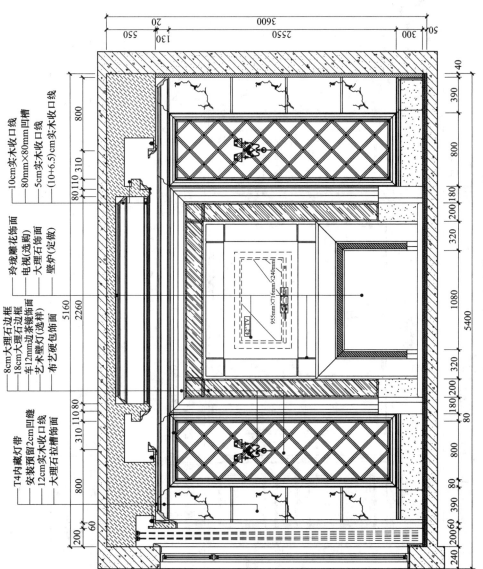

图3-12 客厅电视背景立面

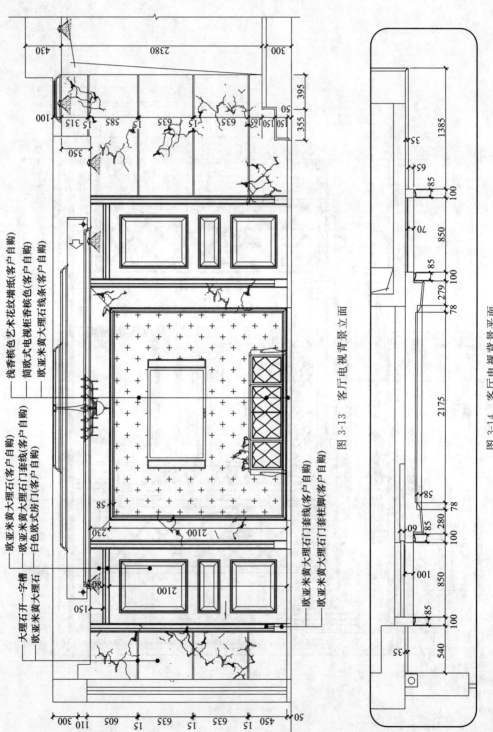

图 3-13 客厅电视背景立面

图 3-14 客厅电视背景平面

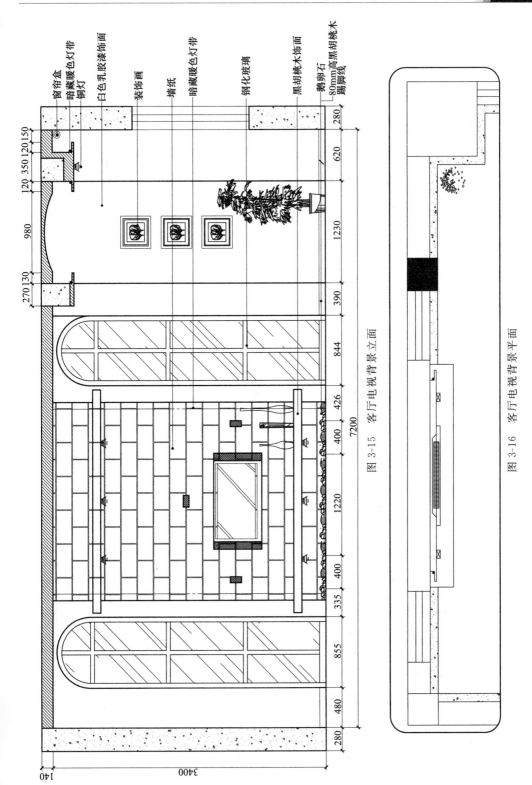

图 3-15 客厅电视背景立面

图 3-16 客厅电视背景平面

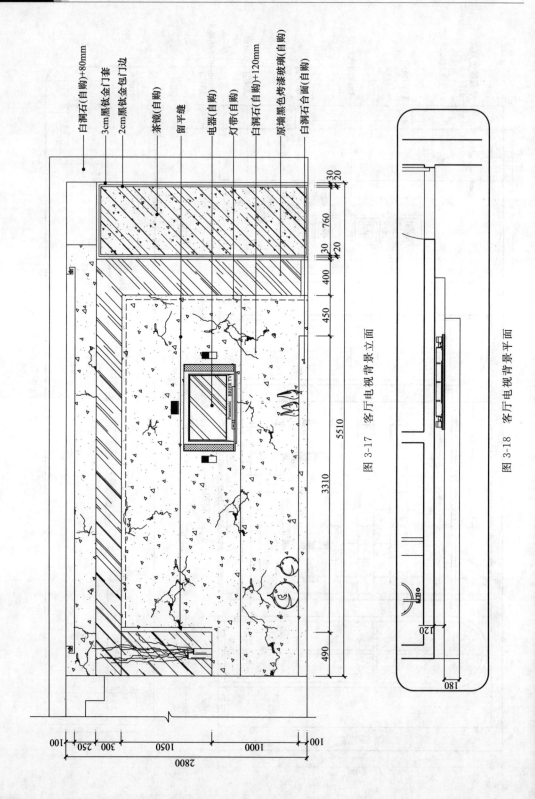

图 3-17 客厅电视背景立面

图 3-18 客厅电视背景平面

白洞石(自购)+80mm
3cm黑钛金门套
2cm黑钛金包门边
茶镜(自购)
留平缝
电器(自购)
灯带(自购)
白洞石(自购)+120mm
原墙黑色烤漆玻璃(自购)
白洞石台面(自购)

3.2 玄关

所谓的玄关就是门厅的部位，就目前的大多房屋户型来讲，往往人们推开主户门之后，就把整个客厅一览无余。为了避免这种情况的发生，就要在进门处设置"玄关对景"，用来遮挡人们的视线。如图 3-19 所示。

图 3-19　玄关造型设计

玄关部位造型设计浓缩了整个设计的风格和情调，要能起到"提纲挈领"的作用。因此，往往在玄关的装饰材料、色彩、灯光、装饰物和家具的选择上都要精心设计、巧妙安排。

（1）玄关的装饰材料

玄关的装饰材料主要有木材、夹板贴面、雕塑玻璃、喷砂彩绘玻璃、镶嵌玻璃、玻璃砖、镜屏、不锈钢、花岗石、塑胶饰面材以及壁毯、壁纸等；玄关地面的装修，多采用耐磨、易清洗的材料；墙壁的装饰材料，一般与客厅墙壁统一。

（2）玄关的色彩

玄关一般是以清爽的中性偏暖的色调为主，很多人家偏好白色作为门厅的颜色，实际上如在墙壁上加一些浅浅的颜色，如橙色、绿色、蓝色等，与室外的环境有所区别，更能体现出家的温暖。

（3）玄关的灯光

玄关的灯光也是烘托居室氛围的重要角色。暖色和冷色的灯光在玄关内均可以使用，暖色制造温情，冷色更清爽。可以应用的灯具也有很多：荧光灯、射灯、吸顶灯以及壁灯，使用嵌壁型朝天灯与巢形壁灯可让灯光上扬，产生相当的层次感。另一个能将幽暗的玄关装点得比较活泼有趣的方法是，设法在回廊上挂几张照片、图片或画作，还可以在画上加两盏小灯，让你所珍爱的收藏分外耀眼，引人注目。玄关没有自然采光，应有足够的人工照明，以简洁的模拟日光为宜，可以偏暖，创造家的温馨感。

（4）玄关的装饰物

在玄关的墙壁上可挂些风景装饰画，美丽的景色让人一进门就心旷神怡；挂一幅与家人合拍的照片或是小型挂毯，可以使人感受到家庭的温馨；或者挂上一面镜子，不论是方形或是长形，都有不错的效果，既可扩大视觉空间，又可在主人出门前检视仪容。小摆件及布艺品更是调节气氛的好帮手，找一个与玄关颜色相配的小花瓶，插上几只干花或是花型小的鲜花，也一样有情有景。另外像别致的相框架、精美的座钟、古朴的瓷器等都是不错的选择。

（5）玄关的家具

在玄关不大的空间中，放几件家具也不是一件易事。既不能妨碍主人出入，又要发挥家具的使用功能。通常的选择一种是低柜，低柜属于集纳型家具，可以放鞋、杂物等，柜子上还可放些钥匙、背包等物品。如果空间允许，还可以放置一些绿色植物，或者在桌上放一些插花等作为装饰。

（6）玄关造型案例

下面通过几个实际案例来描述一下具体的玄关造型装饰。

① 玄关造型案例一，见图 3-20～图 3-24。

② 玄关造型案例二，见图 3-25～图 3-28。

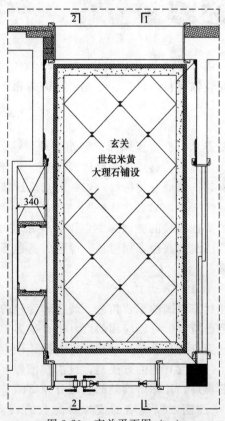

图 3-20　玄关平面图（一）

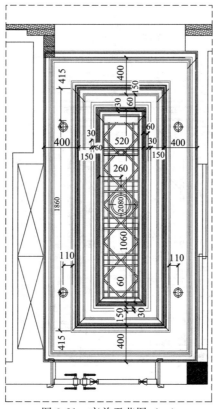

图 3-21 玄关天花图（一）

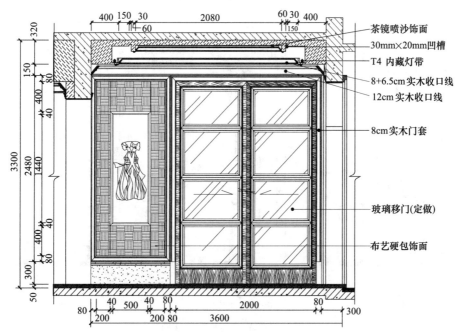

图 3-22 玄关 1—1 立面

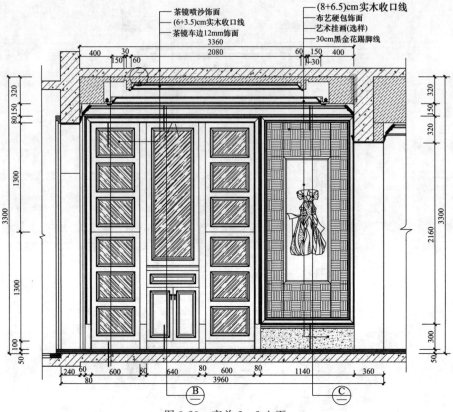

图 3-23　玄关 2—2 立面

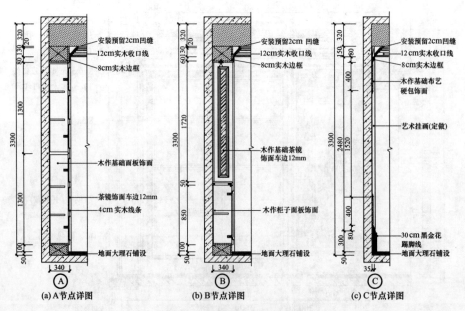

(a) A节点详图　　　(b) B节点详图　　　(c) C节点详图

图 3-24　A、B、C节点详图

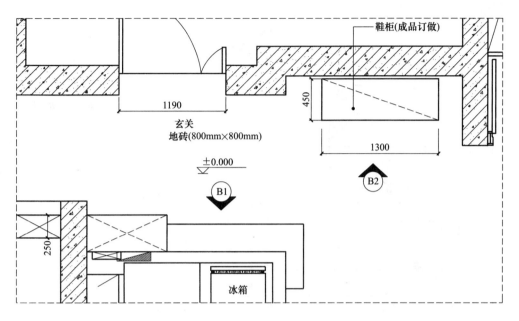

图 3-25　玄关平面图（二）

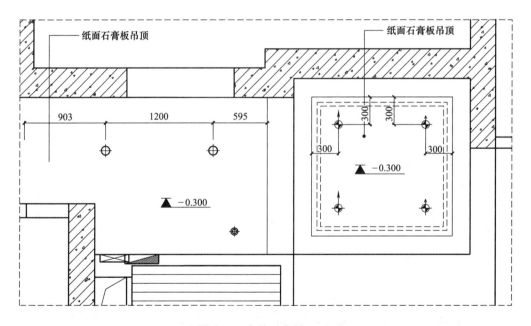

图 3-26　玄关天花图（二）

③ 玄关造型案例三，见图 3-29～图 3-32。

④ 玄关造型案例四，见图 3-33～图 3-36。

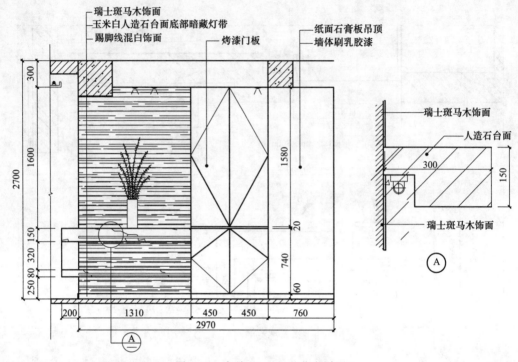

图 3-27　玄关 B1 立面及节点详图

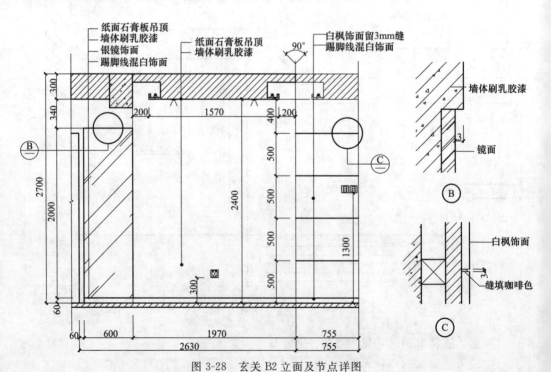

图 3-28　玄关 B2 立面及节点详图

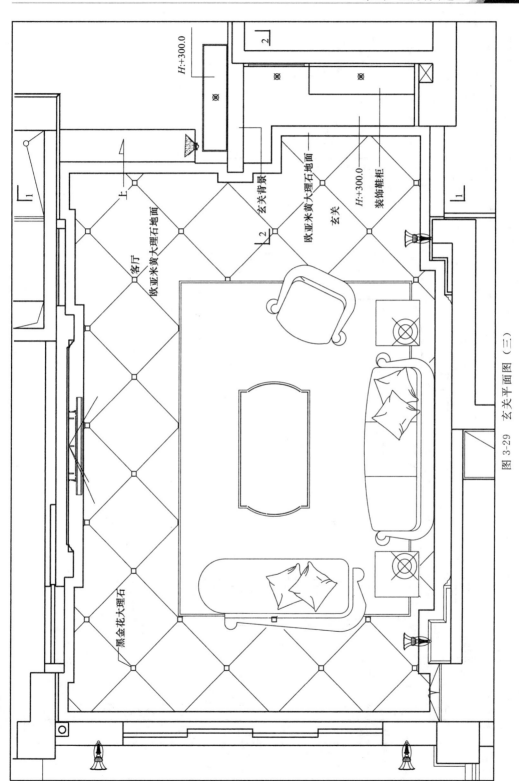

图 3-29　玄关平面图（三）

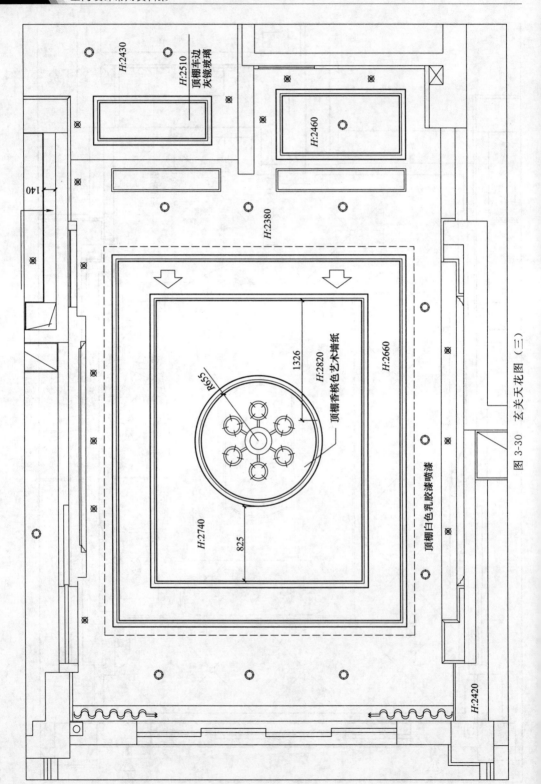

H:2430

H:2510
顶棚车边
灰镜玻璃

H:2460

140

H:2380

1326

H:2820

顶棚香槟色艺术墙纸

R655

H:2660

H:2740

825

顶棚白色乳胶漆喷漆

H:2420

图 3-30　玄关天花图（三）

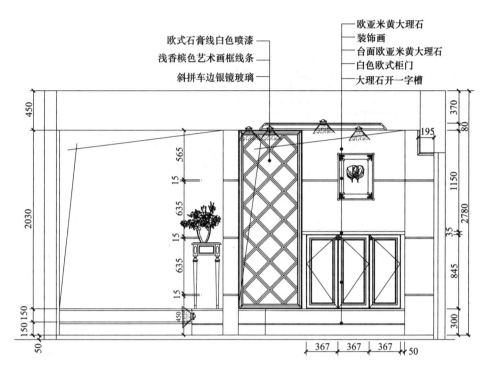

欧式石膏线白色喷漆
浅香槟色艺术画框线条
斜拼车边银镜玻璃

欧亚米黄大理石
装饰画
台面欧亚米黄大理石
白色欧式柜门
大理石开一字槽

图 3-31 门厅 1—1 立面

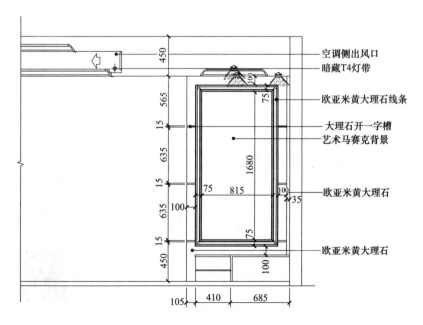

空调侧出风口
暗藏T4灯带
欧亚米黄大理石线条
大理石开一字槽
艺术马赛克背景
欧亚米黄大理石
欧亚米黄大理石

图 3-32 门厅 2—2 装饰立面

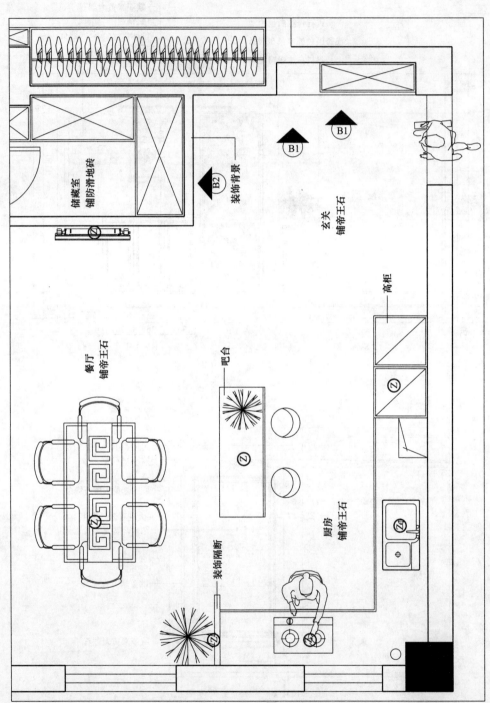

图 3-33　玄关平面图（四）

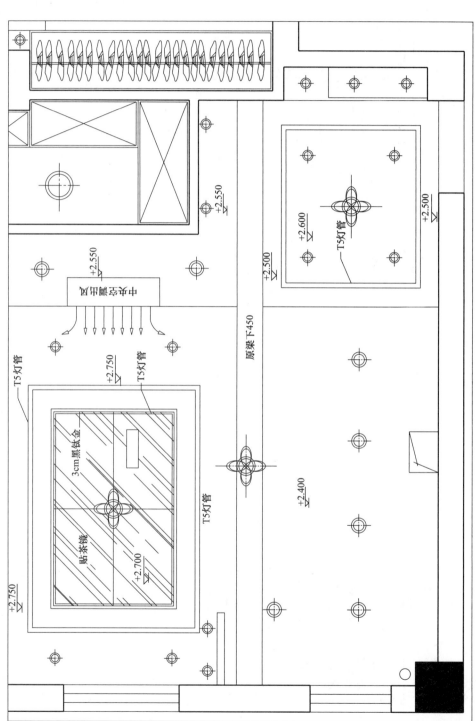

图 3-34 玄关天花图（四）

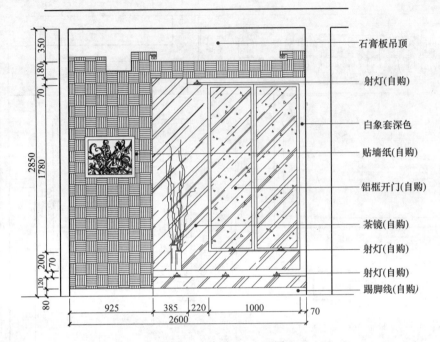

图 3-35　玄关 B1 立面图

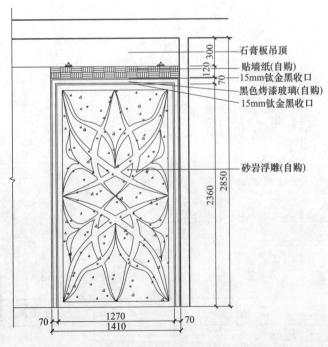

图 3-36　玄关 B2 立面图

3.3 书房

书房又称家庭工作室，是作为阅读、书写以及业余学习、研究、工作的空间，特别是从事文教、科技、艺术工作者必备的活动空间。书房是为个人而设的私人天地，最能体现居住者习惯、个性、爱好、品位和专长的场所。功能上要求创造静态空间，以幽雅、宁静为原则，同时要提供主人书写、阅读、创作、研究、书刊资料贮存以及兼有会客交流的条件。如图 3-37 所示。

图 3-37 书房设计效果

（1）内部格局

书房中的空间主要有收藏区、读书区、休息区。对于 $8\sim15m^2$ 的书房，收藏区适合沿墙布置，读书区靠窗布置，休息区占据余下的角落。而对于 $15m^2$ 以上的大书房，布置方式就灵活多了，如圆形可旋转的书架位于书房中央，有较大的休息区可供多人讨论，或者有一个小型的会客区。

（2）采光

书房应该尽量占据朝向好的房间，相比于卧室，它的自然采光更重要。读书是怡情养性，能与自然交融是最好的。书桌的摆放位置与窗户位置很有讲究，一要考虑光线的角度，二要考虑避免电脑屏幕的眩光。人工照明主要把握明亮、均匀、自然、柔和的原则，不加任何色彩，这样不易疲劳。重点部位要有局部照明，如有门的书柜，可在层板里藏灯，方便查找书籍，如敞开的书架，可在天花板上方安装射灯，进行局部补光。台灯是很重要的，最好选择可以调节角度、明暗的灯，读书的时候可以增加舒适度。

（3）装修的材质、色彩

书房墙面比较适合上亚光涂料，同样的，壁纸、壁布也很合适，因为可以增加静音效果、避免眩光，让情绪少受环境的影响。地面最好选用地毯，这样即使思考问题时踱来踱去，也不会出现令人心烦的噪声。颜色的要点是柔和，使人平静，最好以冷色为主，如蓝、绿、灰紫等，尽量避免跳跃和对比的颜色。

（4）饰品

书房是家中文化气息最浓的地方，不仅要有各类书籍，许多收藏品，如绘画、雕塑、工艺品都可装点其中，塑造浓郁的文化气息。许多用品本身，如果选择得当，也是一件不错的装饰。

（5）书籍的摆放

将书柜分成很多格子，将所有藏书进行分门别类，然后各归其位，这样要看的时候，依据分类的秩序，就省去了到处找书的麻烦。开放式的大连体书柜占据一面墙的方式比较盛行，很气派也很有书香之气。倘若一面墙上只是些书本，看着有些单调，而且书房里放那么多书，也容易使气氛过于严肃凝重。所以在书的摆放形式上，活泼生动一些，不拘一格，添些生气。而且，书格里也不一定都得放书，可以间或穿插一些富有韵致的小饰品，调节一下气氛，也实现了对美的追求。

（6）书房造型设计案例

下面通过几个实际案例来描述一下具体的玄关造型设计装饰。

① 书房造型设计案例一见图 3-38～图 3-41。

② 书房造型设计案例二见图 3-42～图 3-45。

③ 书房造型设计案例三见图 3-46～图 3-49。

④ 书房造型设计案例四见图 3-50～图 3-53。

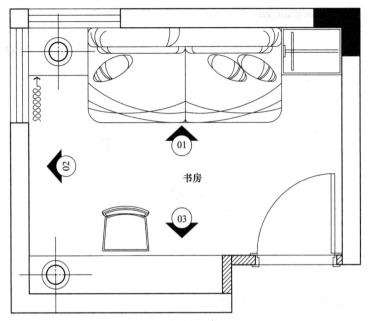

图 3-38 书房平面图（一）

布艺窗帘

乳胶漆饰面
夹板造型乳胶漆饰面
墙纸饰面

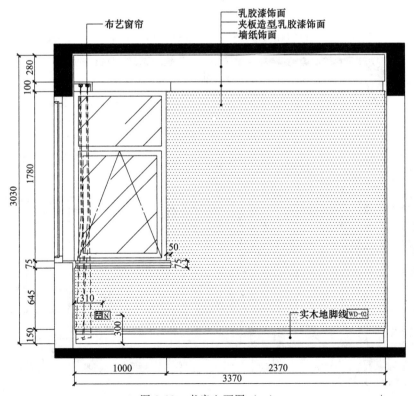

实木地脚线 WD-02

图 3-39 书房立面图（一）

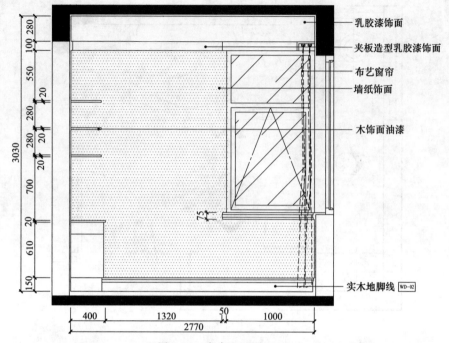

图 3-40　书房立面图（二）

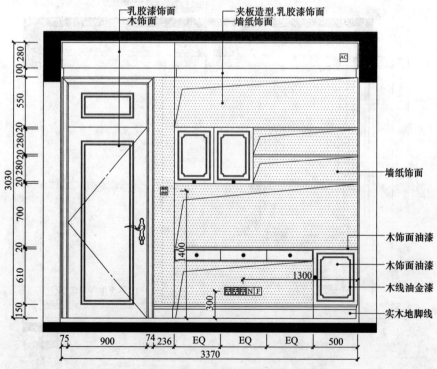

图 3-41　书房立面图（三）

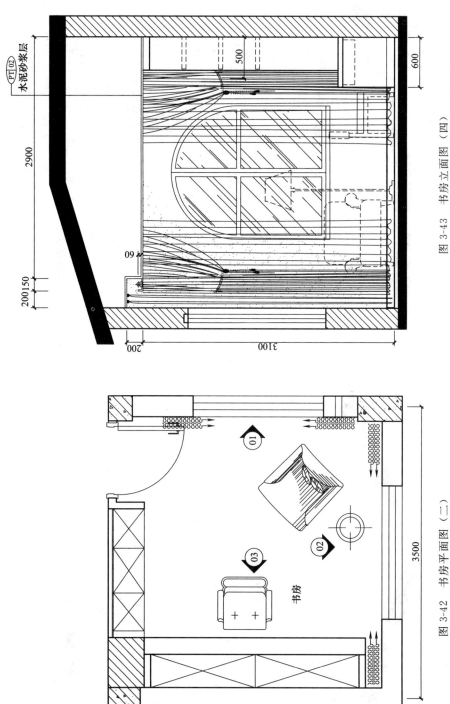

图 3-43 书房立面图（四）

图 3-42 书房平面图（二）

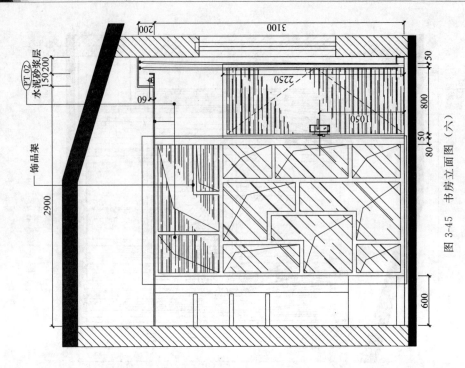

图 3-45　书房立面图（六）

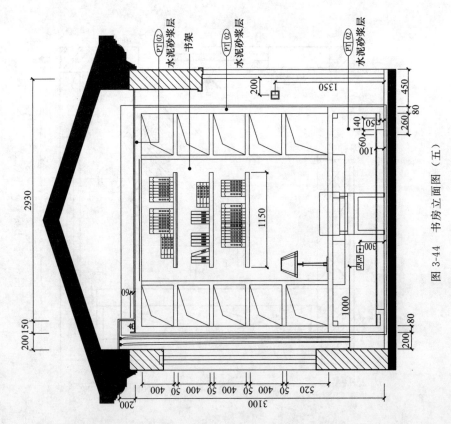

图 3-44　书房立面图（五）

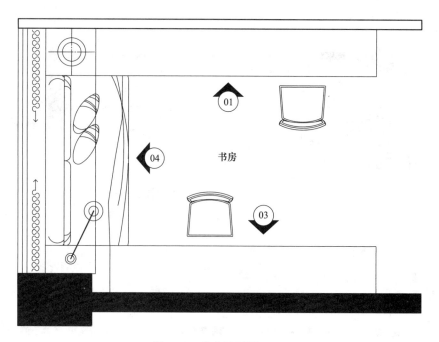

图 3-46 书房平面图 (三)

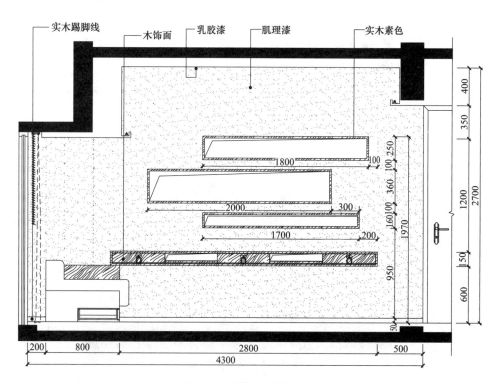

图 3-47 书房立面图 (七)

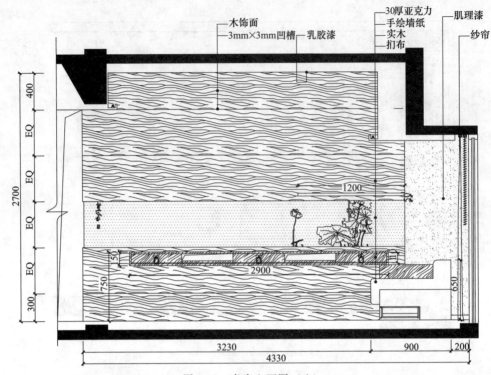

木饰面
3mm×3mm凹槽 乳胶漆
30厚亚克力
手绘墙纸
实木
扣布
肌理漆
纱帘

图 3-48 书房立面图（八）

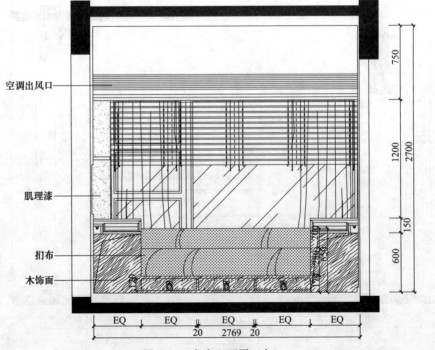

空调出风口

肌理漆

扣布

木饰面

图 3-49 书房立面图（九）

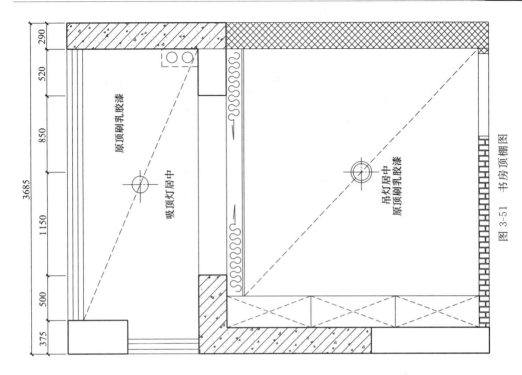

图 3-51 书房顶棚图

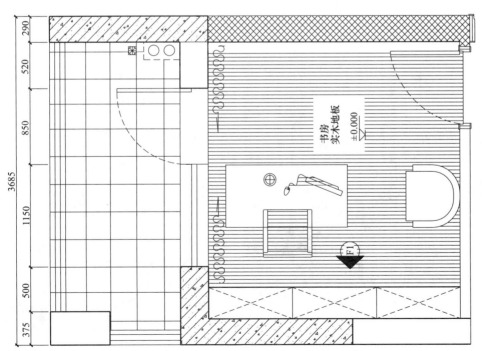

图 3-50 书房平面图（四）

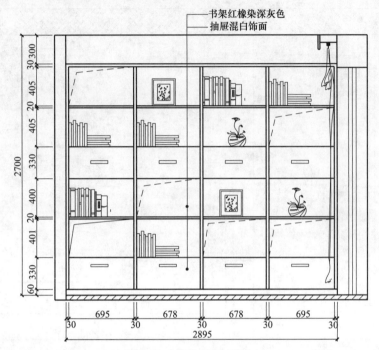

图 3-52 书房 F1 立面图

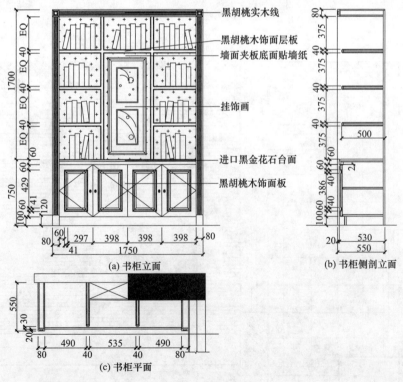

(a) 书柜立面

(b) 书柜侧剖立面

(c) 书柜平面

图 3-53 书柜详图

3.4 橱柜

橱柜柜形分为吊柜、地柜、特殊柜形三大类，其功能包括洗涤、料理、烹饪、存贮四种。

（1）吊柜

吊柜以存贮为主，其中比较特殊的是油烟机柜。油烟机分薄型、深型两种，油烟机柜也要相应调整。柜中还经常出现一些装饰柜，比如玻璃门柜、酒柜、吊柜端头和圆头层板柜等，在满足存贮功能的前提下，吊柜还会有丰富多彩的变化，来展现出每个厨房主人的不同个性。

（2）地柜

地柜除去存贮外，还需安排好其他几项功能，所以地柜中的洗涤柜、料理柜和燃气炉柜是必选件。洗涤柜、燃气炉柜在料理柜左右（此次序不能颠倒），燃气炉柜上面正对着油烟机柜。由于燃气炉有台上炉、嵌入式炉之分，燃气炉柜也就有了相应的变化。前者比其他地柜矮差不多 20cm，放上台上炉炉面则刚好和其他台面持平；后者则需在水平的台面上挖洞，将燃气炉镶嵌进去。地柜中的抽屉柜颇受欢迎，虽然造价较低，但它可以把碗、筷、刀、叉等零碎小件尽收其中。

（3）特殊柜形

特殊柜形往往用来解决厨房特殊问题。比如高立柜，顶与吊柜上沿平齐，一落到地，内装高升拉篮，是个最能装东西的“大肚汉”。转角柜，按有 270°合页，内装 360°转篮，能把角落的死角用活，但这种橱柜造价远高于一般柜形。

“一”形、“L”形和“U”形已经不再是橱柜中不变的造型，更多的不规则造型运用到橱柜中，大胆组合搭配，一改传统的造型设计，让人的想象力与创造力在设计中充分发挥，成就橱柜的辉煌。操作台突出、弧形柜门、转角突起变形、独立悬空支架、玻璃与金属材质组合的装饰性支架，看似简单的装饰却让橱柜多了一些柔美；而精心搭配的灯饰，是烘托烹饪心情的最佳选择。如图 3-54 所示。

图 3-54　橱柜造型

（4）橱柜造型设计案例

下面通过几个实际案例来描述一下具体的橱柜造型设计装饰。

① 橱柜造型设计案例一见图 3-55～图 3-57。

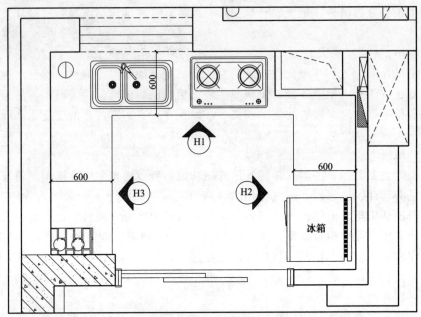

图 3-55　厨房平面图（一）

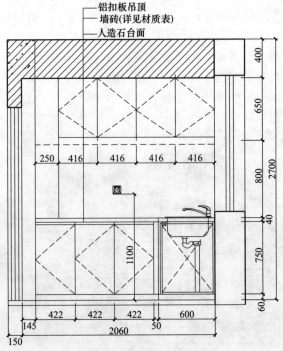

图 3-56　厨房 H3 立面图

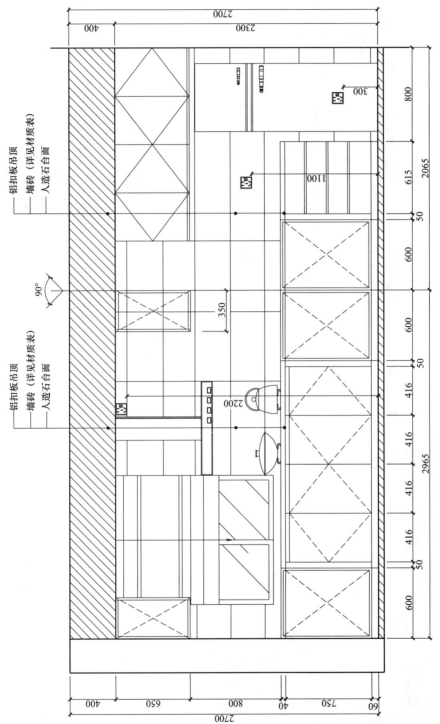

图 3-57 厨房 H1 及 H2 立面图

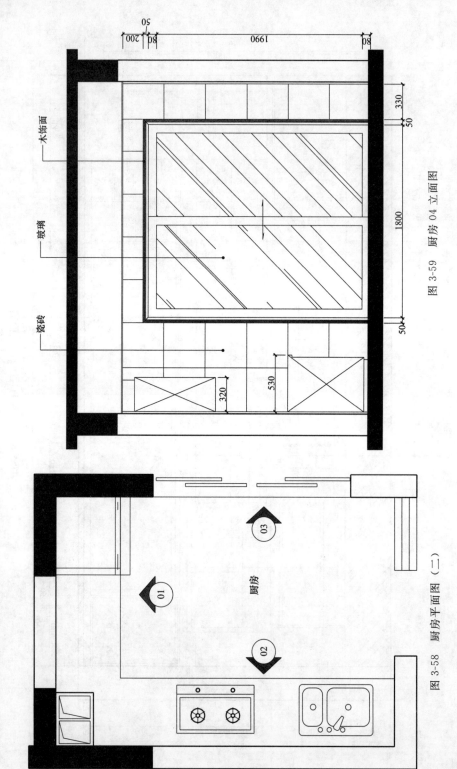

② 橱柜造型设计案例二见图 3-58～图 3-61。

图 3-59 厨房 04 立面图

图 3-58 厨房平面图（二）

木饰面

玻璃

瓷砖

厨房

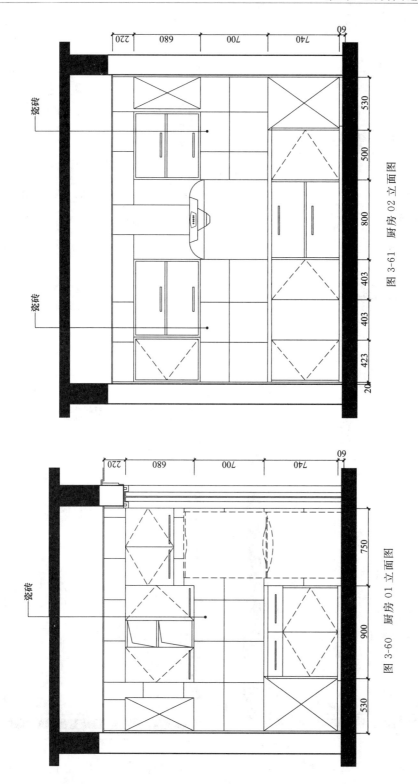

图 3-61 厨房 02 立面图

图 3-60 厨房 01 立面图

③ 橱柜造型设计案例三见图 3-62～图 3-66。

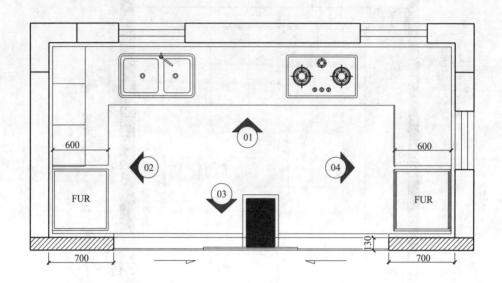

图 3-62　厨房平面图（三）

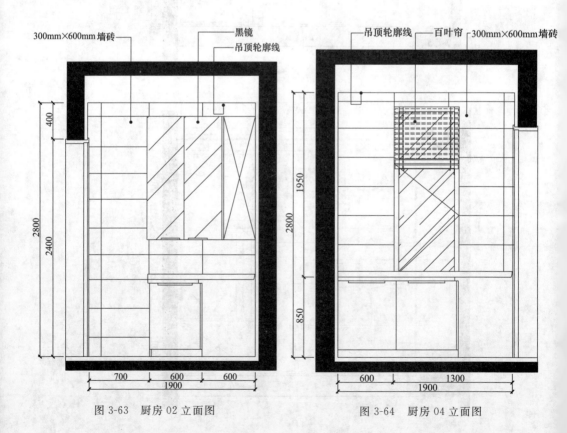

图 3-63　厨房 02 立面图　　　　　图 3-64　厨房 04 立面图

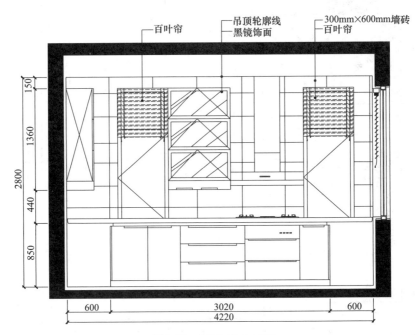

图 3-65 厨房 01 立面图

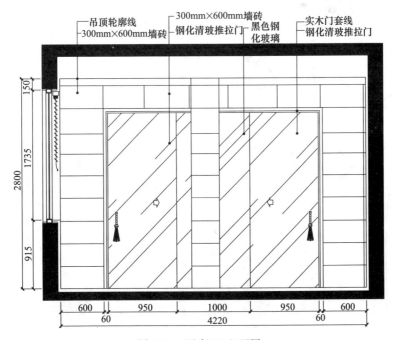

图 3-66 厨房 03 立面图

④ 橱柜造型设计案例四见图 3-67～图 3-72。

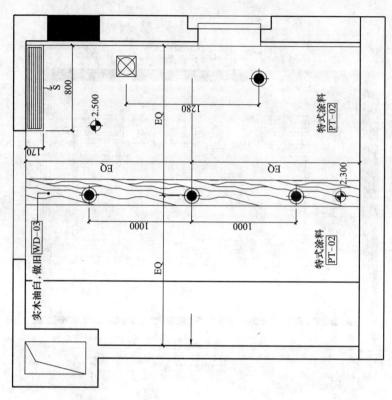

图 3-68　厨房天花图

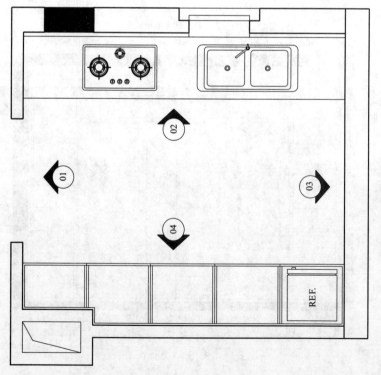

图 3-67　厨房平面图（四）

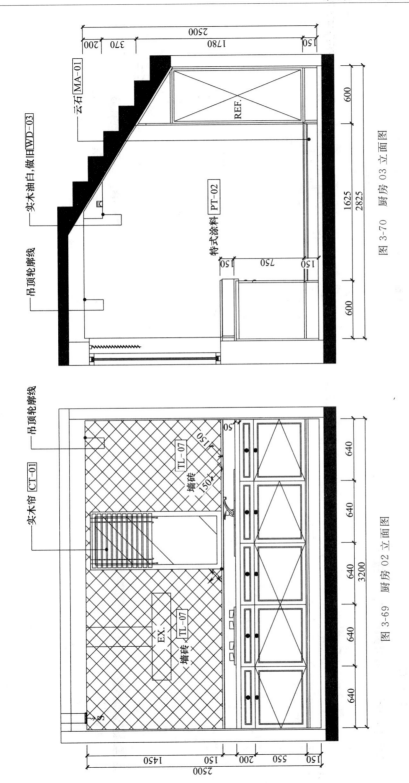

图 3-70 厨房 03 立面图

图 3-69 厨房 02 立面图

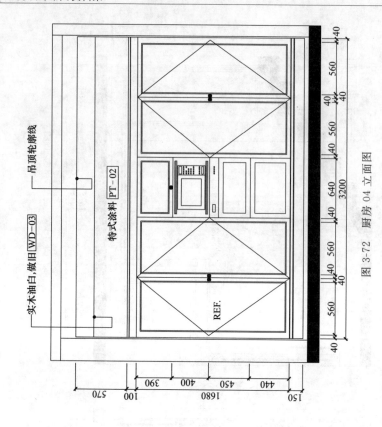

图 3-72　厨房 04 立面图

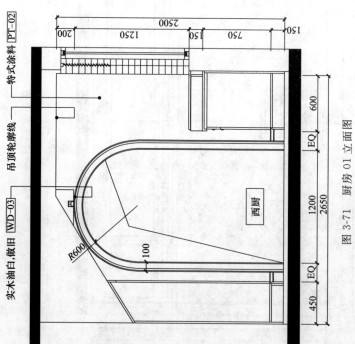

图 3-71　厨房 01 立面图

3.5 酒柜

餐厅的设计具有很大的灵活性，可以根据不同家庭的爱好以及特定的居住环境做成不同的风格，创造出各种情调和气氛，如欧陆风格、乡村风味、传统风格、简洁风格、现代风格等。而餐厅的酒柜也要根据选定的居家风格来挑选与设计。可以根据主人爱好和空间大小搭配酒柜、展示柜、酒车等，如图 3-73 所示，再配以适当的绿色植物和装饰画，墙面的色调尽量用淡暖色，以增进食欲。

客厅酒柜的设计还要注重实用性与装饰性。如图 3-74 所示。一个好的客厅酒柜设计方案，既能让客厅酒柜成为装饰性的摆设，又同时能让客厅酒柜具备纳藏名酒、常用食品、收藏品的功能。用玻璃作间隔、柜门等，是目前客厅酒柜常用的设计。玻璃透净的采光性、颜色的百搭性、价格的实惠性，很好地满足了各种品味消费者的要求。

图 3-73　餐厅酒柜设计　　　　　　图 3-74　客厅酒柜设计

在现代客厅酒柜设计中，加入射灯的点缀，能提升客厅整体的气氛与品味。目前，客厅酒柜最常用到的造型就是品字体与阶梯式，在这两种基本造型的基础上再延伸、曲线化，又能变化出很多花样来。

如果具备条件，单独用一个开放式的空间做餐厅酒柜的摆放是最理想的，不但宴请朋友时比较方便，在布置上也灵活得多。对于住房面积不大的居室，也可以将餐厅酒柜设在厨房、过厅或者客厅。

其实，餐厅酒柜的设计是丰富多彩的，关键在于合理利用住房空间，充分考虑实用性，对功能要求和整体风格把握巧妙结合，不拘一格。如图 3-75 所示。

下面通过几个实际案例来描述一下具体的酒柜造型设计装饰。

① 酒柜造型设计案例一见图 3-76～图 3-80。

② 酒柜造型设计案例二见图 3-81～图 3-83。

③ 酒柜造型设计案例三见图 3-84 和图 3-85。

图 3-75　餐厅酒柜造型设计

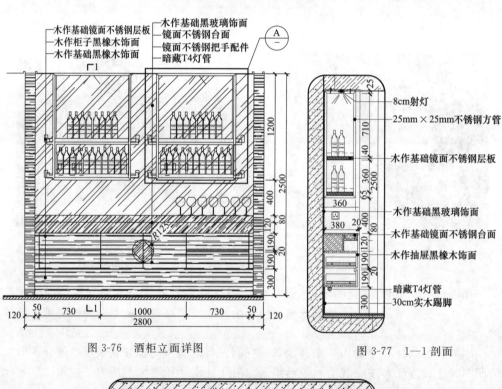

木作基础镜面不锈钢层板
木作柜子黑橡木饰面
木作基础黑橡木饰面

木作基础黑玻璃饰面
镜面不锈钢台面
镜面不锈钢把手配件
暗藏T4灯管

8cm射灯
25mm×25mm不锈钢方管
木作基础镜面不锈钢层板
木作基础黑玻璃饰面
木作基础镜面不锈钢台面
木作抽屉黑橡木饰面
暗藏T4灯管
30cm实木踢脚

图 3-76　酒柜立面详图

图 3-77　1—1 剖面

图 3-78　酒柜平面详图

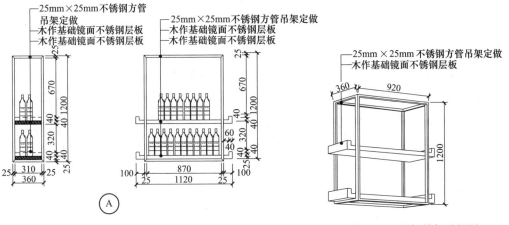

图 3-79 A节点详图（一）

图 3-80 酒柜吊架透视图

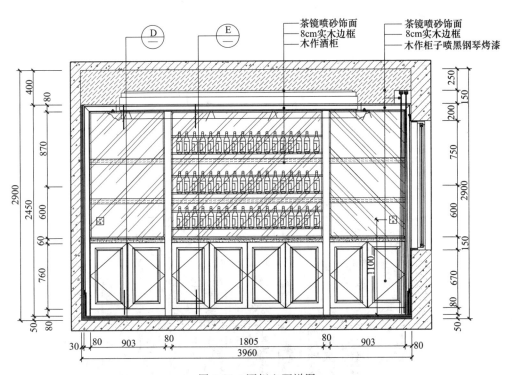

图 3-81 酒柜立面详图

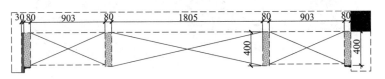

图 3-82 酒柜平面详图

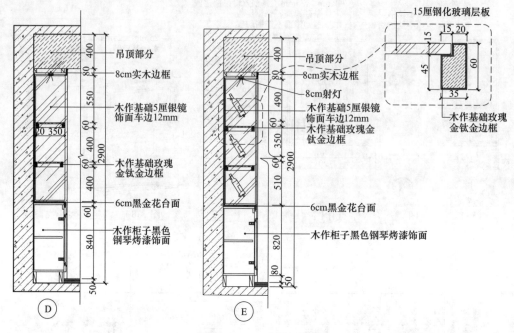

图 3-83　D、E 节点详图

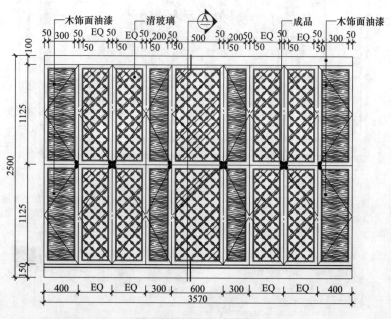

图 3-84　酒柜立面详图

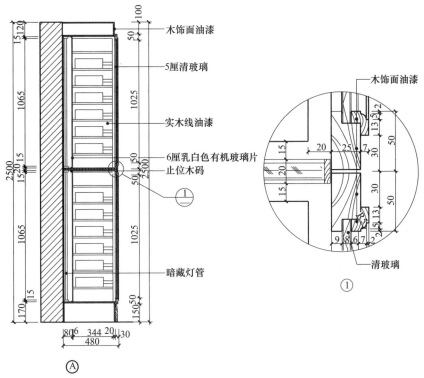

图 3-85 A 节点详图（二）

④ 酒柜造型设计案例四见图 3-86 和图 3-87。

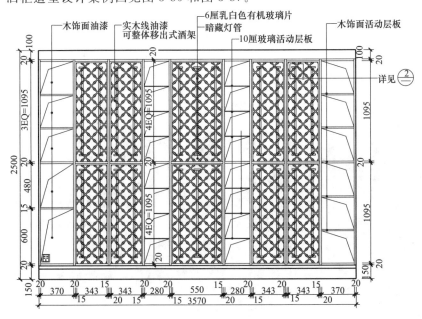

图 3-86 酒柜内部结构图

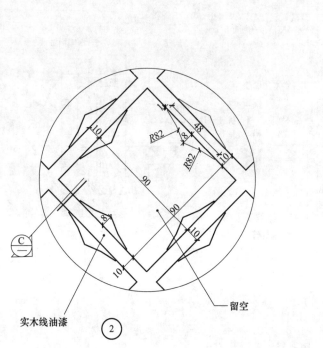

图 3-87 2节点详图

⑤ 酒柜造型设计案例五见图 3-88～图 3-90。

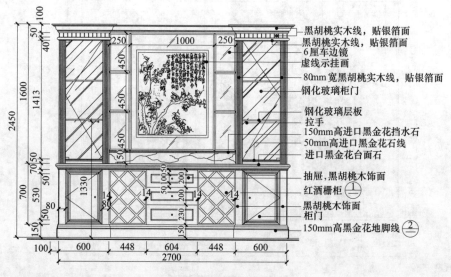

图 3-88 酒柜立面图

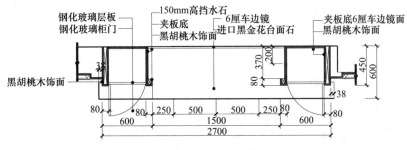

图 3-89　酒柜平面图

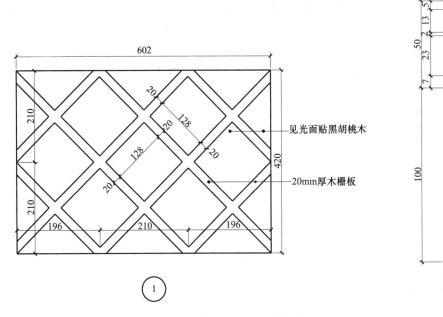

图 3-90　1，2 节点详图

3.6　卧室床头背景

卧室背景墙现在已是室内装修不容忽视的一部分了，一张好的卧室床头背景墙不仅能够打造舒适宜人的卧室环境，也能给卧室带来别样的风味。

（1）手绘墙背景

专业的墙画是用环保的绘画材料，在墙面上绘出的生动画面，犹如将一幅幅流动的风景定格在墙壁上。体现了主人的时尚品位。制作过程首先是制作出外框架，然后在中间绘制图案，可以是一个卡通，也可以是一个人物、风景的图案，使用对象可以更加的广泛。

（2）软包背景

　　软包是指一种在室内墙表面用柔性材料加以包装的墙面装饰方法，采用布艺，或者是皮艺，填充高密度海绵进行装饰，它质地柔软，色彩柔和，能够柔化整体空间氛围。背景周围采用实木的造型边条进行包框处理，涂上白色，中间是深色软包，形成非常强烈的颜色对比，不仅能感受到它的舒适还能感受到家的温暖。如图 3-91 所示。

图 3-91　软包背景

（3）纱幔背景

　　纱幔是一种比较常见的布艺材料，因为柔软、图案丰富，通常用于窗帘、门帘、KTV 吊顶。纱幔安置在床头背景上，同时增加一些纱幔的造型吊顶，再加一道灯槽点缀，打造了一个安静入睡的氛围。

（4）墙纸背景

　　因为墙纸具有色彩多样、图案丰富、豪华气派、安全环保、施工方便、价格适宜等多种其他室内装饰材料所无法比拟的特点。墙纸背景从颜色、图案上，都能很好地跟现代装饰接轨，巧妙的搭配，体现超强的现代感。如图 3-92 所示。

图 3-92　墙纸背景

（5）实木背景

　　实木背景多数采用实木花格、实木雕花的形式进行装饰。这个与中式风比较接近，让卧室充满质感，同时也体现低调的奢华。

（6）卧室床头背景造型设计案例

下面通过几个实际案例来描述一下具体的卧室床头背景造型设计装饰。

① 卧室床头背景造型设计案例一见图3-93～图3-95。

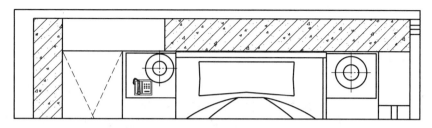

图 3-93 卧室床头平面图（一）

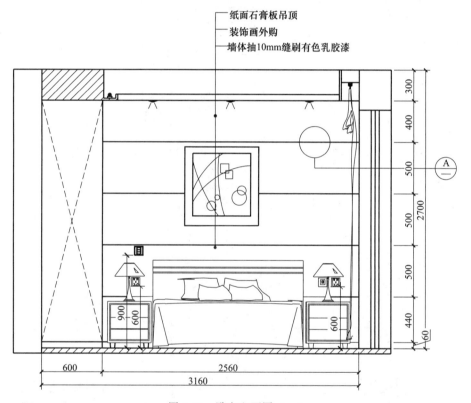

— 纸面石膏板吊顶
— 装饰画外购
— 墙体抽10mm缝刷有色乳胶漆

图 3-94 卧室立面图（一）

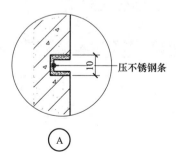

— 压不锈钢条

图 3-95 A节点详图

② 卧室床头背景造型设计案例二见图 3-96 和图 3-97。

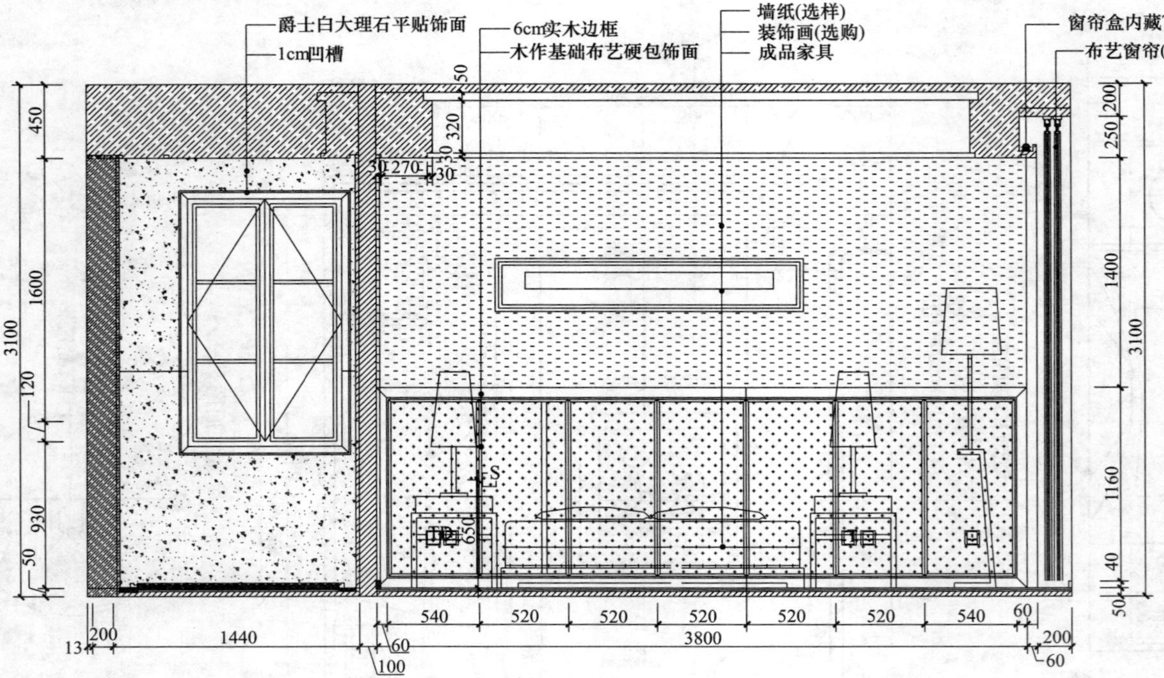

窗帘盒内藏T4灯管
布艺窗帘(选购)

墙纸(选样)
装饰画(选购)
成品家具

6cm实木边框
木作基础布艺硬包饰面

爵士白大理石平贴饰面
1cm凹槽

图 3-96 卧室立面图 (二)

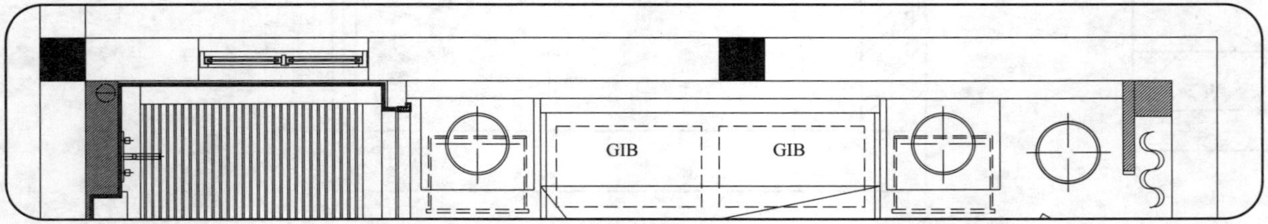

图 3-97 卧室床头平面图 (二)

③ 卧室床头背景造型设计案例三见图3-98和图3-99。

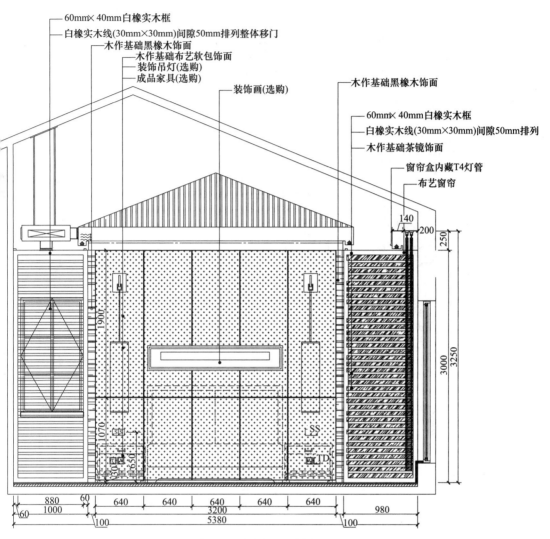

图 3-98 卧室立面图（三）

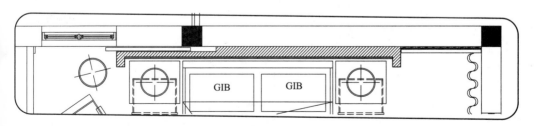

图 3-99 卧室床头平面图（三）

④ 卧室床头背景造型设计案例四见图3-100～图3-102。

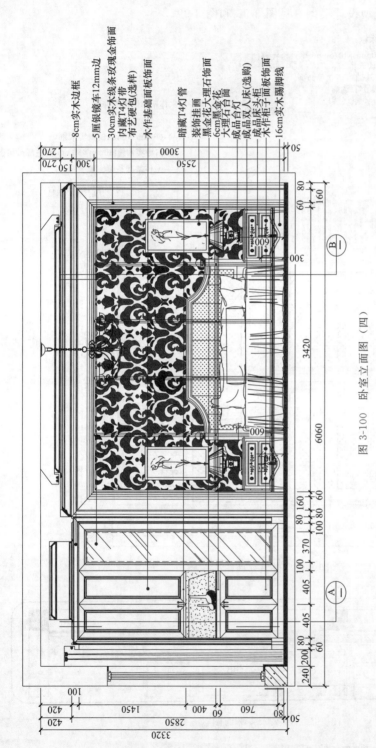

图 3-100 卧室立面图（四）

8cm实木边框
5厘银镜车12mm边
30cm实木线条玫瑰金现金饰面
内藏T4灯带
布艺硬包（选样）
木作基础面板饰面
暗藏T4灯管
装饰挂画
黑金花大理石饰面
6cm黑金台面
大理石台面
成品台灯
成品双人床（选购）
成品床头柜木作面板饰面
16cm实木踢脚线

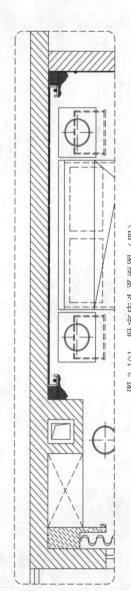

图 3-101 卧室床头平面图（四）

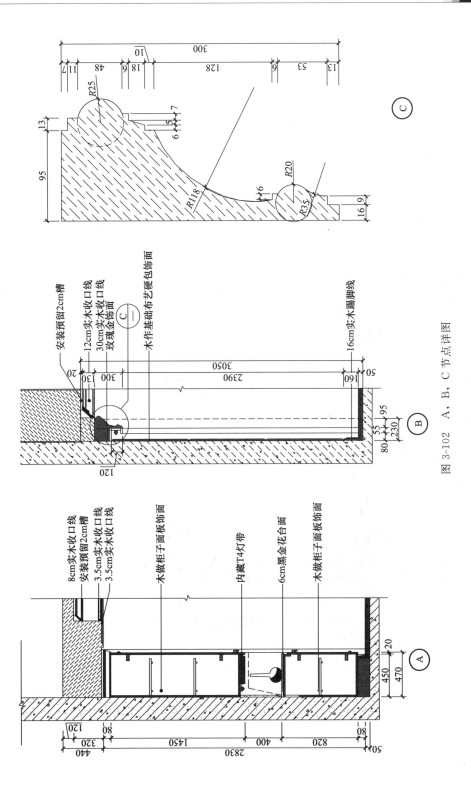

图 3-102 A、B、C 节点详图

⑤ 卧室床头背景造型设计案例五见图 3-103 和图 3-104。

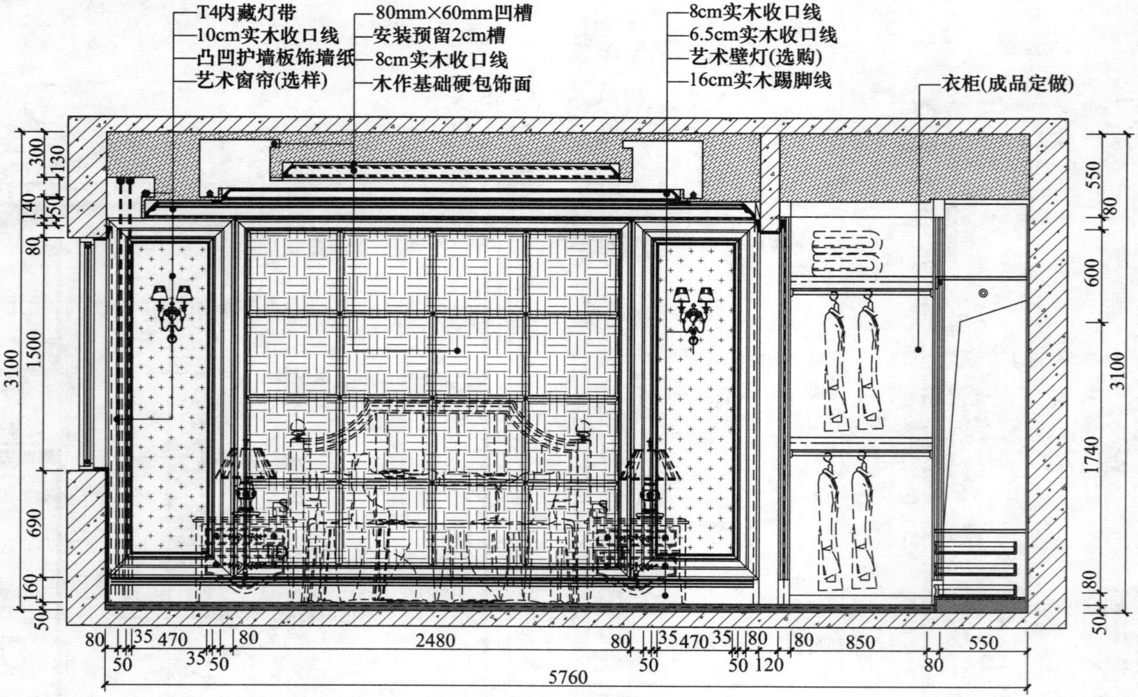
T4内藏灯带
10cm实木收口线
凸凹护墙板饰墙纸
艺术窗帘(选样)
80mm×60mm凹槽
安装预留2cm槽
8cm实木收口线
木作基础硬包饰面
8cm实木收口线
6.5cm实木收口线
艺术壁灯(选购)
16cm实木踢脚线
衣柜(成品定做)
300
130
140
50
80
1500
3100
690
160
50
550
80
600
3100
1740
80
50
80
35
470
35
50
80
2480
80
50
35
470
35
50
80
120
80
850
80
550
5760

图 3-103　卧室立面图（五）

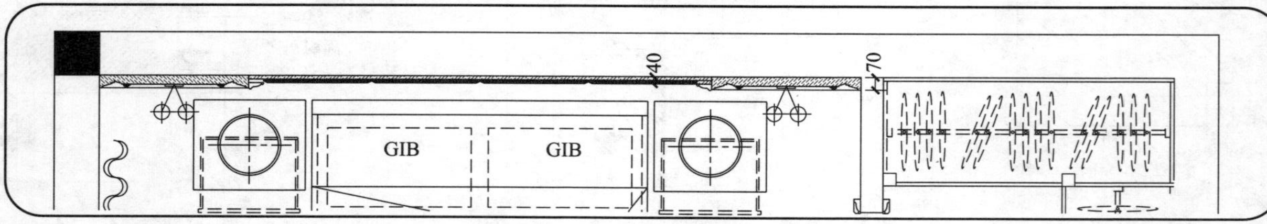
40
70
GIB
GIB

图 3-104　卧室床头平面图（五）

第**4**章
室内装饰构造

4.1 地面装饰装修构造

地面的装饰装修材料主要有石材（包括人造石材）、地砖、木地板、地毯、塑胶地板等。

（1）石材地面

石材地面有花岗石、大理石、人造石、碎拼大理石等。

石材地面铺设的基本构造：在混凝土基表面刷素水泥一道，然后铺 15～30mm 厚的 1:3 干硬性水泥砂浆找平层，然后按定位线铺石材，等干硬后再用白水泥稠浆填缝嵌实，构造如图 4-1 所示。薄板石材一般加工规格为 300mm × 300mm、400mm×400mm，厚度为 10mm 左右，构造做法同地面砖。

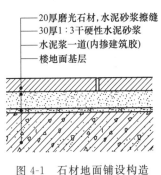

20厚磨光石材,水泥砂浆擦缝
30厚1:3干硬性水泥砂浆
水泥浆一道(内掺建筑胶)
楼地面基层

图 4-1　石材地面铺设构造

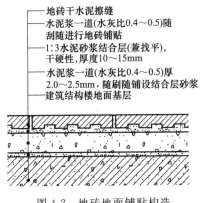

地砖干水泥擦缝
水泥浆一道(水灰比0.4～0.5)随刮随进行地砖铺贴
1:3水泥砂浆结合层(兼找平),干硬性,厚度10～15mm
水泥浆一道(水灰比0.4～0.5)厚2.0～2.5mm,随刷随铺设结合层砂浆
建筑结构楼地面基层

图 4-2　地砖地面铺贴构造

（2）地砖地面

地砖包括釉面砖、通体砖、抛光砖、玻化砖、陶瓷锦砖（陶瓷马赛克）等。

地砖铺设一般可分为九个步骤：试拼→弹线→试排→清基层→铺砂浆→铺地砖→灌浆、擦缝→清洁打蜡→验收地砖的铺设。铺贴构造如图 4-2 所示。

陶瓷锦砖施工工艺：清理基层→弹分格线→湿润基层→抹结合层→弹粉线→刮浆闭缝→铺贴马赛克→拍板赶缝→撕纸→二次闭缝→清洗。

（3）木地板地面

木地板包括实木地板、强化复合地板、软木地板和竹材地板。构造形式有架空式和实铺式两种。架空式木地板就是有龙骨架空的木地板地面，一般用于地面高差较大处（如会场主席台、舞台等）地面。木龙骨安装间距一般为300～400mm，在木龙骨之间，为了增加整体性，设横撑，中间间距为800～1200mm。

实铺式木地板是将面层地板直接浮搁、胶粘于地面基层上。架空式木地板铺设构造如图4-3所示。

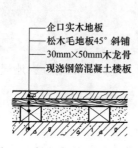

企口实木地板
松木毛地板45°斜铺
30mm×50mm木龙骨
现浇钢筋混凝土楼板

图4-3　架空式木地板铺设构造

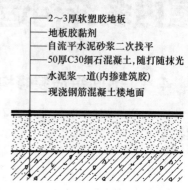

2～3厚软塑胶地板
地板胶黏剂
自流平水泥砂浆二次找平
50厚C30细石混凝土，随打随抹光
水泥浆一道(内掺建筑胶)
现浇钢筋混凝土楼地面

图4-4　塑胶地板铺设构造

（4）塑胶地板

塑胶地板基层，要求基层表面干燥、平整，无灰尘。铺贴有两种方式。一种是直接干铺（无胶铺贴），适用于人流量小及潮湿房间地面（底层地坪需做防潮层）；大面积铺贴塑料卷材要求定位裁剪，足尺铺贴。另一种方式是胶粘铺贴，采用胶黏剂与基层固定。塑胶地板铺设构造如图4-4所示。

（5）地毯地面

地毯地面铺设分为满铺和局部铺设两种。铺设方式有固定与不固定两种。不固定铺设是指将地毯设在基层上，不需要将地毯同基层固定，这种方法简单，容易更换。固定式铺设一种是倒刺条固定，另外一种是用胶黏结固定。如图4-5所示。

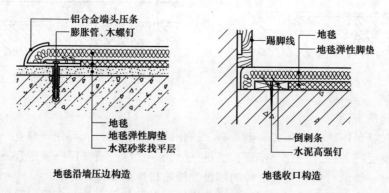

铝合金端头压条
膨胀管、木螺钉

地毯
地毯弹性脚垫
水泥砂浆找平层

地毯沿墙压边构造

踢脚线
地毯
地毯弹性脚垫

倒刺条
水泥高强钉

地毯收口构造

图4-5　地毯铺装构造

（6）地面铺设构造

有关地面铺设构造见图4-6和图4-7。

20厚1:2.5水泥砂浆
水泥浆一道(内掺建筑胶)
钢筋混凝土楼板

(a) 水泥砂浆面层

15厚1:2.5水泥砂浆
35厚C15细石混凝土
1.5厚聚氨酯防水层
1:3水泥砂浆找坡层抹平
水泥浆一道(内掺建筑胶)
钢筋混凝土楼板

(b) 水泥砂浆面层(有防水层)

10厚1:2.5水泥彩色石
子地面表面磨光打蜡
20厚1:3水泥砂浆结合层
水泥浆一道(内掺建筑胶)
钢筋混凝土楼板

(c) 现制水磨石面层

25厚预制水磨石板
20厚1:3水泥砂浆结
合层表面撒水泥粉
水泥浆一道(内掺建筑胶)
钢筋混凝土楼板

(d) 预制水磨石面层

25厚预制水磨石板
20厚1:3干硬性水泥砂浆
1.5厚聚氨酯防水层
1:3水泥砂浆找坡层抹平
水泥浆一道(内掺建筑胶)
钢筋混凝土楼板

(e) 预制水磨石面层(有防水层)

8~10(10~15)厚地砖
干水泥擦缝
20厚1:3水泥砂浆结合层
水泥浆一道(内掺建筑胶)
钢筋混凝土楼板

(f) 地砖面层

8~10(10~15)厚地砖
干水泥擦缝
20厚1:3干硬性水泥砂
浆结合层表面撒水泥粉
1.5厚聚氨酯防水层
1:3水泥砂浆找坡层抹平
水泥浆一道(内掺建筑胶)
钢筋混凝土楼板

(g) 地砖面层(有防水层)

5厚陶瓷锦砖,干水泥擦缝
30厚1:3干硬性水泥砂
浆结合层表面撒水泥粉
水泥浆一道(内掺建筑胶)
钢筋混凝土楼板

(h) 陶瓷锦砖面层

5厚陶瓷锦砖干水泥擦缝
30厚1:3干硬性水泥砂
浆结合层表面撒水泥粉
1.5厚聚氨酯防水层
1:3水泥砂浆找坡层抹平
水泥浆一道(内掺建筑胶)
钢筋混凝土楼板

(i) 陶瓷锦砖面层(有防水层)

20厚磨光石材板水泥浆擦缝
30厚1:3干硬性水泥砂
浆结合层表面撒水泥粉
水泥浆一道(内掺建筑胶)
钢筋混凝土楼板

(j) 石材面层

20厚磨光石材板,水泥浆擦缝
30厚1:3干硬性水泥砂
浆结合层表面撒水泥粉
1.5厚聚氨酯防水层
1:3水泥砂浆找坡层抹平
水泥浆一道(内掺建筑胶)
钢筋混凝土楼板

(k) 石材面层(有防水层)

8厚强化企口复合
木地板企榫涂胶黏结
40厚C20混凝土随打
随抹光找平
水泥浆一道(内掺建筑胶)
钢筋混凝土楼板

(l) 强化复合木地板面层

图 4-6 地面铺设构造(一)

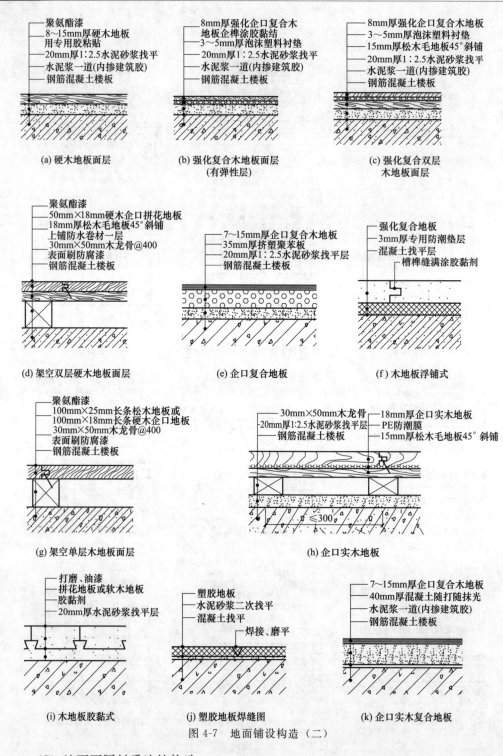

聚氨酯漆
8~15mm厚硬木地板
用专用胶粘贴
20mm厚1:2.5水泥砂浆找平
水泥浆一道(内掺建筑胶)
钢筋混凝土楼板

(a) 硬木地板面层

8mm厚强化企口复合木
地板企榫涂胶黏结
3~5mm厚泡沫塑料衬垫
20mm厚1:2.5水泥砂浆找平
水泥浆一道(内掺建筑胶)
钢筋混凝土楼板

(b) 强化复合木地板面层
(有弹性层)

8mm厚强化企口复合木地板
3~5mm厚泡沫塑料衬垫
15mm厚松木毛地板45°斜铺
20mm厚1:2.5水泥砂浆找平
水泥浆一道(内掺建筑胶)
钢筋混凝土楼板

(c) 强化复合双层
木地板面层

聚氨酯漆
50mm×18mm硬木企口拼花地板
18mm厚松木毛地板45°斜铺
上铺防水卷材一层
30mm×50mm木龙骨@400
表面刷防腐漆
钢筋混凝土楼板

(d) 架空双层硬木地板面层

7~15mm厚企口复合木地板
35mm厚挤塑聚苯板
20mm厚1:2.5水泥砂浆找平层
钢筋混凝土楼板

(e) 企口复合地板

强化复合地板
3mm厚专用防潮垫层
混凝土找平层
槽榫缝满涂胶黏剂

(f) 木地板浮铺式

聚氨酯漆
100mm×25mm长条松木地板或
100mm×18mm长条硬木企口地板
30mm×50mm木龙骨@400
表面刷防腐漆
钢筋混凝土楼板

(g) 架空单层木地板面层

30mm×50mm木龙骨
20mm厚1:2.5水泥砂浆找平层
钢筋混凝土楼板
≤300

18mm厚企口实木地板
PE防潮膜
15mm厚松木毛地板45°斜铺

(h) 企口实木地板

打磨、油漆
拼花地板或软木地板
胶黏剂
20mm厚水泥砂浆找平层

(i) 木地板胶黏式

塑胶地板
水泥砂浆二次找平
混凝土找平
焊接、磨平

(j) 塑胶地板焊缝图

7~15mm厚企口复合木地板
40mm厚混凝土随打随抹光
水泥浆一道(内掺建筑胶)
钢筋混凝土楼板

(k) 企口实木复合地板

图 4-7 地面铺设构造(二)

（7）地面不同材质连接构造

有关地面不同材质连接构造见图 4-8。

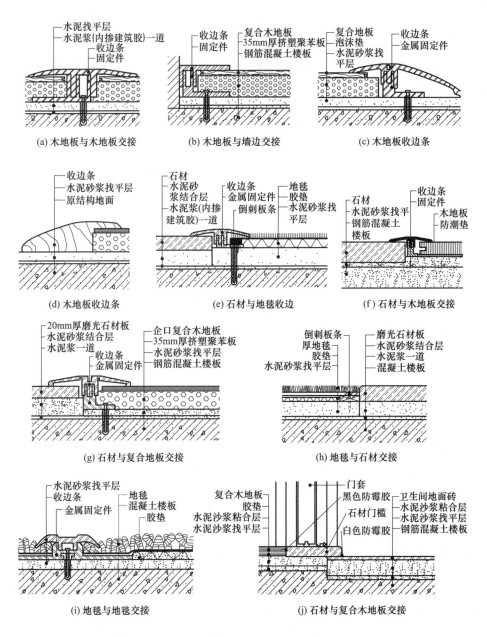

图 4-8　地面不同材质连接构造图

（8）墙地面连接构造

有关墙地面连接构造见图 4-9。

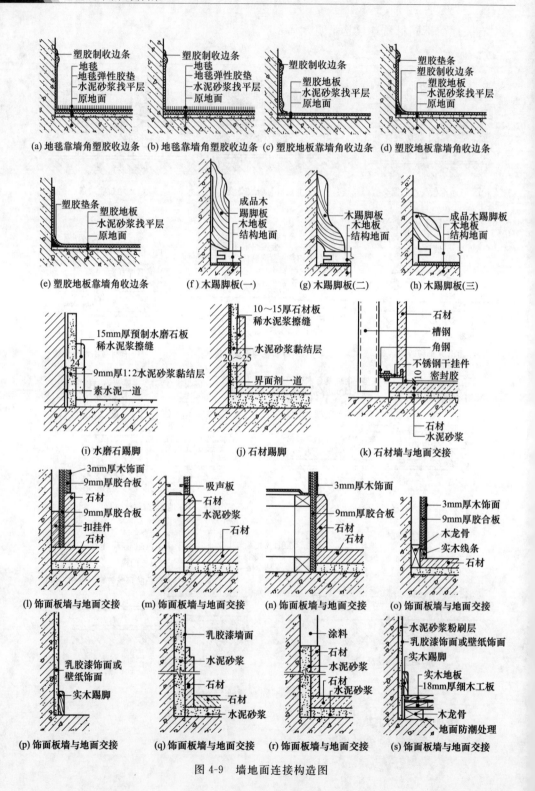

(a) 地毯靠墙角塑胶收边条　(b) 地毯靠墙角塑胶收边条　(c) 塑胶地板靠墙角收边条　(d) 塑胶地板靠墙角收边条

(e) 塑胶地板靠墙角收边条　(f) 木踢脚板(一)　(g) 木踢脚板(二)　(h) 木踢脚板(三)

(i) 水磨石踢脚　(j) 石材踢脚　(k) 石材墙与地面交接

(l) 饰面板墙与地面交接　(m) 饰面板墙与地面交接　(n) 饰面板墙与地面交接　(o) 饰面板墙与地面交接

(p) 饰面板墙与地面交接　(q) 饰面板墙与地面交接　(r) 饰面板墙与地面交接　(s) 饰面板墙与地面交接

图 4-9　墙地面连接构造图

（9）实木地板铺设透视

有关实木地板铺设透视见图4-10。

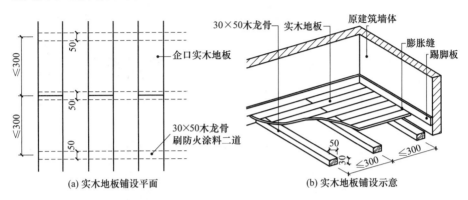

图 4-10　实木地板铺设透视图

（10）石材门槛构造

有关石材门槛构造见图4-11。

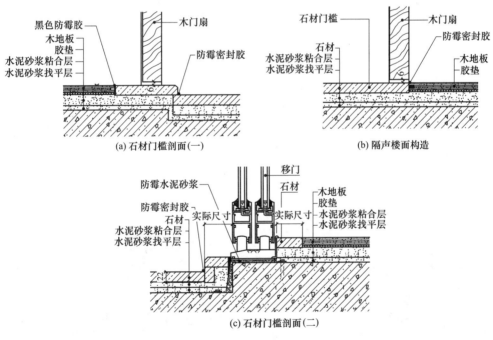

图 4-11　石材门槛构造图

（11）隔声楼面构造

有关隔声楼面构造见图4-12。

（12）地板铺设水电暖构造

有关地板铺设水电暖构造见图4-13。

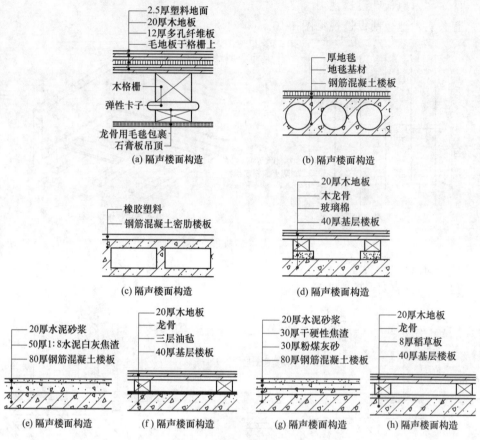

图 4-12 隔声楼面构造图

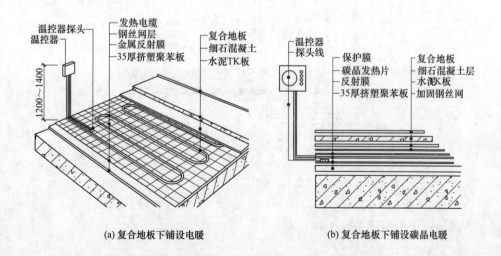

(a) 复合地板下铺设电暖

(b) 复合地板下铺设碳晶电暖

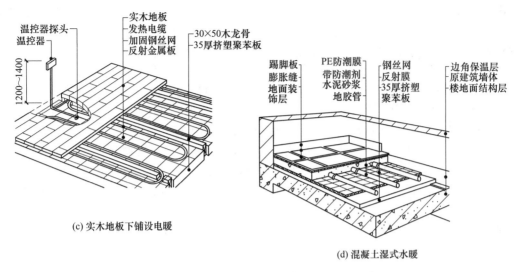

(c) 实木地板下铺设电暖

(d) 混凝土湿式水暖

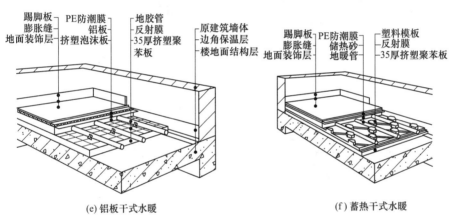

(e) 铝板干式水暖

(f) 蓄热干式水暖

图 4-13　地板铺设水电暖构造图

4.2　顶棚装饰装修构造

室内空间上部的结构层或装修层，又称天花、天棚或平顶。常用顶棚有两类：露明顶棚和吊顶棚。露明顶棚屋顶（或楼板层）的结构下表面直接露于室内空间。吊顶棚在屋顶（或楼板层）结构下，另吊挂顶棚，称吊顶棚。吊顶棚可节约空调能源消耗，结构层与吊顶棚之间可作布置设备管线之用。

（1）吊顶棚的外观形式

① 连片式。将整个吊顶棚做成平直或弯曲的连续体，如图 4-14（a）所示。这种吊顶棚常用于室内面积较小、层高较低，或有较高的清洁卫生和光线反射要求的房间，如一般居室、手术室、小教室、卫生间、洗衣房等。

② 分层式。在同一室内空间，根据使用要求，将局部吊顶棚降低或升高，构成

不同形状的分层小空间，或将吊顶棚从横向或纵向、环向，构成不同的层次，如图 4-14（b）所示，利用错层处来布置灯槽、送风口等设施。分层式吊顶棚适用于中、大型室内空间，如活动室、会堂、餐厅、音乐厅、体育馆等。

③ 立体式。将整个吊顶棚按一定规律或图形进行分块，如图 4-14（c）所示，安装凹凸较深而具有船形、角锥、箱形外观的预制块材，具有良好的韵律感和节奏感。在布置时可根据要求，嵌入各种灯具、风口、消防喷头等设施。这种吊顶棚对声音具有漫射效果，适用于各种尺度和用途的房间，尤其是大厅和录音室。

④ 悬空式。把杆件、板材或薄片吊挂在结构层下，形成格栅状、井格状或自由状的悬空层，如图 4-14（d）所示。上部的天然光或人工照明，通过悬空层挂件的漫射和光影交错，照度均匀柔和，富有变化，具有良好的深度感。悬空式吊顶棚常用于供娱乐活动用的房间，可以活跃室内空间气氛。在一些有声学要求的房间，如录音棚、体育馆等，还可根据需要吊挂各种吸声材料。

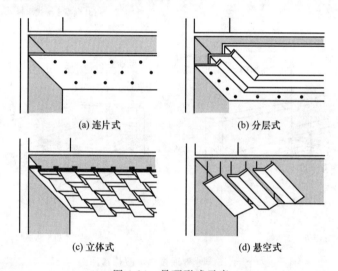

(a) 连片式　　　　　　　　　　(b) 分层式

(c) 立体式　　　　　　　　　　(d) 悬空式

图 4-14　吊顶形式示意

（2）悬吊式顶棚构造

悬吊式顶棚通常由面层、基层和吊杆三部分组成。

① 面层。面层做法可分现场抹灰和预制安装两种。现场抹灰一般在灰板条、钢板网上抹掺有纸筋、麻刀、石棉或人造纤维的灰浆。抹灰劳动量大，易出现龟裂，甚至成块破损脱落，适用于小面积吊顶棚。预制安装所用预制板块，除木、竹制的板块以及各种胶合板、刨花板、纤维板、甘蔗板、木丝板以外，还有各种预制钢筋混凝土板、纤维水泥板、石膏板以及钢、铝等金属板、塑料板、金属和塑料复合板等。还可用晶莹光洁和具有强烈反射性能的玻璃、镜面、抛光金属板作吊顶面层，以增加室内高度感。

② 基层。主要是用来固定面层，可单向或双向（成框格形）布置木龙骨，将面板钉在龙骨上。为了节约木材和提高防火性能，现多用薄钢带或铝合金制成的 U 形

或 T 形的轻型吊顶龙骨，面板用螺钉固定，或卡入龙骨的翼缘上，或直接搁放，既简化施工，又便于维修。大、中型吊顶棚还应设置主龙骨，以减小吊顶棚龙骨的跨度。

③吊杆。又称吊筋。多数情况下，顶棚是借助吊杆均匀悬挂在屋顶或楼板层的结构层下。吊杆可用木条、钢筋或角钢来制作，金属吊杆上最好附有便于安装和固定面层的各种调节件、接插件、挂插件。顶棚也可不用吊杆而通过基层的龙骨直接搁在大梁或圈梁上，成为自承式吊顶棚。悬吊式顶棚吊杆固定构造如图 4-15 所示。

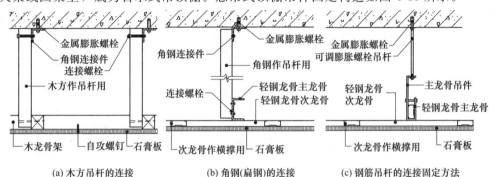

(a) 木方吊杆的连接　　(b) 角钢(扁钢)的连接　　(c) 钢筋吊杆的连接固定方法

图 4-15　悬吊式顶棚吊杆固定结构

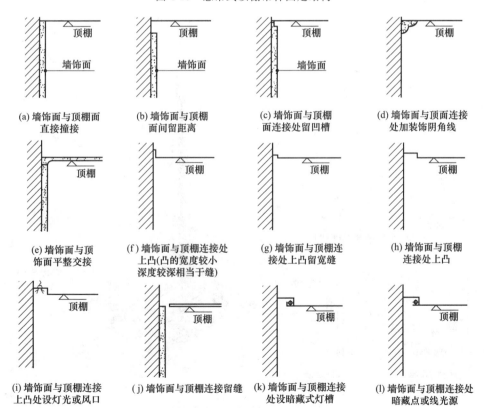

(a) 墙饰面与顶棚面直接撞接

(b) 墙饰面与顶棚面间留距离

(c) 墙饰面与顶棚面连接处留凹槽

(d) 墙饰面与顶面连接处加装饰阴角线

(e) 墙饰面与顶饰面平整交接

(f) 墙饰面与顶棚连接处上凸(凸的宽度较小深度较深相当于缝)

(g) 墙饰面与顶棚连接处上凸留宽缝

(h) 墙饰面与顶棚连接处上凸

(i) 墙饰面与顶棚连接上凸处设灯光或风口

(j) 墙饰面与顶棚连接留缝

(k) 墙饰面与顶棚连接处设暗藏式灯槽

(l) 墙饰面与顶棚连接处暗藏点或线光源

图 4-16　顶棚与墙面连接方式

（3）顶棚与墙面连接方式

顶棚端部的装饰处理及顶棚与墙的连接方式如图 4-16 所示。

（4）顶棚装饰装修构造的类型

按装饰面材分，主要有石膏板饰面顶棚、硅钙板饰面顶棚、矿棉板饰面顶棚、铝扣板饰面棚、金属板顶棚、透光板饰面顶棚、吸声板饰面顶棚、木质顶棚以及玻璃顶棚等。

① 石膏板顶棚。普通纸面石膏板主要用于室内非承重墙体和吊顶、石膏板吊顶有轻钢龙骨、木龙骨两种构造。该吊顶适用于宾馆、礼堂、体育馆、车站、医院、科研室、会议室、图书馆、展览馆、俱乐部等的装修。但在厨房、厕所、浴室以及空气相对湿度大于70％的潮湿环境中应使用防潮石膏板。具体构造如图 4-17 和图 4-18 所示。

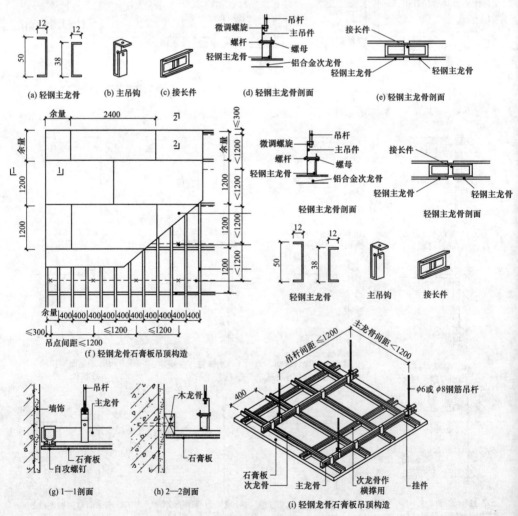

图 4-17　轻钢龙骨石膏板吊顶构造

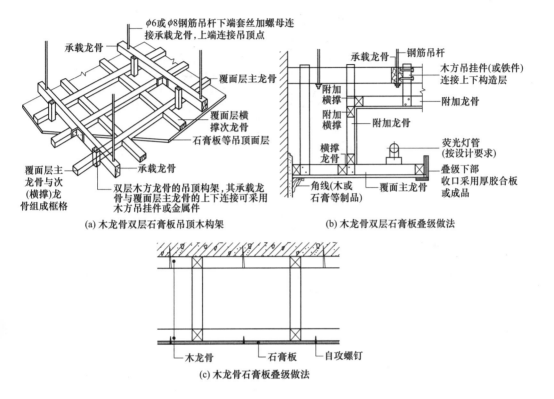

(a) 木龙骨双层石膏板吊顶木构架

(b) 木龙骨双层石膏板叠级做法

(c) 木龙骨石膏板叠级做法

图 4-18　木龙骨石膏板吊顶构造

② 硅钙板饰面顶棚构造。硅钙板又称石膏复合板，是一种多元材料，一般由天然石膏粉、白水泥、胶水、玻璃纤维复合而成，具有防火、防潮、隔声、隔热等性能，在室内空气潮湿的情况下能吸收空气中水分子、空气干燥时，又能释放水分子，可以适当调节室内干、湿度，增加舒适感。天然石膏制品又是特级防火材料，在火焰中能产生吸热反应，同时，释放出水分子阻止火势蔓延，而且不会分解产生任何有毒的、侵蚀性的、令人窒息的气体，也不会产生任何助燃物或烟气。具体构造如图4-19所示。

③ 矿棉板饰面顶棚构造。矿棉板是一种天花板吊顶所使用的罩面板产品，主要原材料为矿渣棉，是一种环保的新型建材产品，常用于公共建筑装饰吊顶中，矿棉板吸声性好，而且质重轻，国内的大部分工装建筑吊顶都使用的是矿棉板。具体构造如图 4-20 所示。

④ 铝扣板饰面棚构造。铝扣板是以塑料为芯层，外贴铝板的三层复合板材，可在表面施加装饰性或保护性涂层。铝扣板规格有（斜角、直角）600mm×600mm、300mm×300mm、500mm×500mm、400mm×400mm、600mm×1200mm。具体构造如图 4-21 和图 4-22 所示。

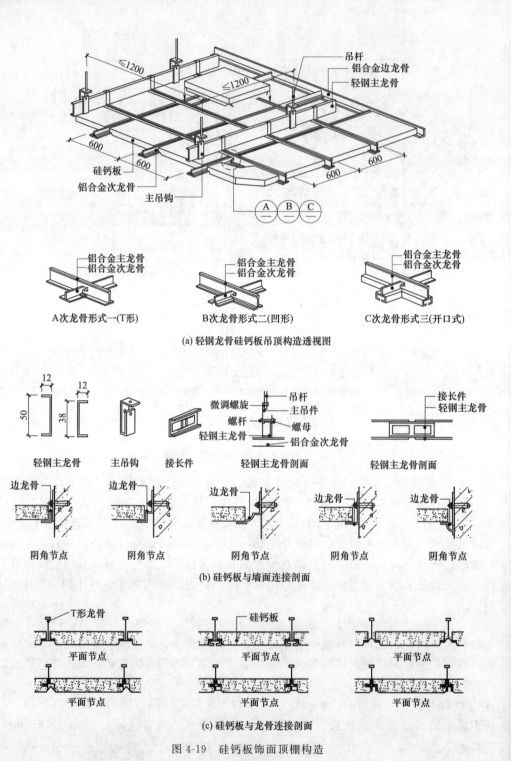

A次龙骨形式一(T形)　　　　B次龙骨形式二(凹形)　　　　C次龙骨形式三(开口式)

(a) 轻钢龙骨硅钙板吊顶构造透视图

(b) 硅钙板与墙面连接剖面

(c) 硅钙板与龙骨连接剖面

图 4-19　硅钙板饰面顶棚构造

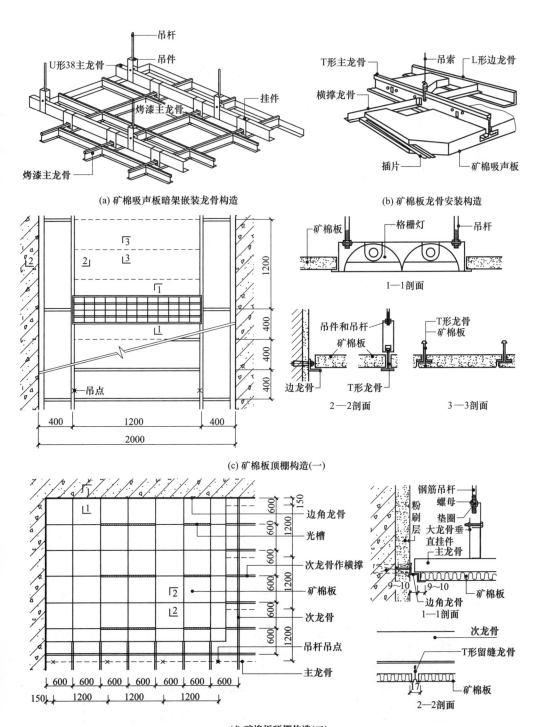

(a) 矿棉吸声板暗架嵌装龙骨构造

(b) 矿棉板龙骨安装构造

(c) 矿棉板顶棚构造(一)

(d) 矿棉板顶棚构造(二)

图 4-20 矿棉板顶棚构造

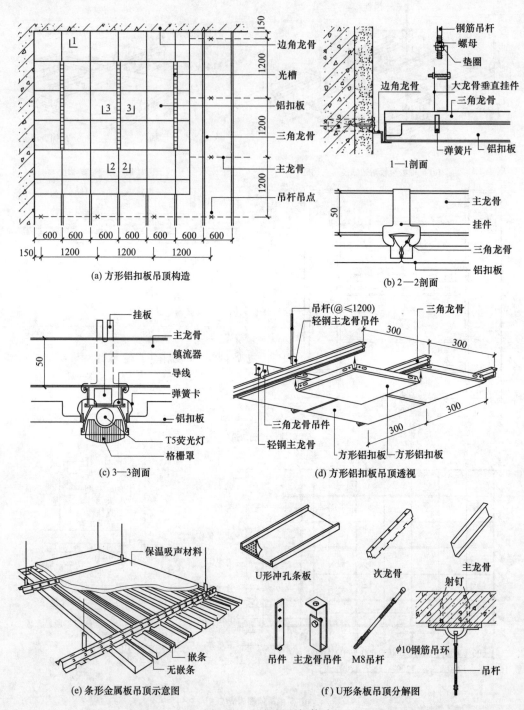

(a) 方形铝扣板吊顶构造

(b) 2—2剖面

1—1剖面

(c) 3—3剖面

(d) 方形铝扣板吊顶透视

(e) 条形金属板吊顶示意图

(f) U形条板吊顶分解图

图 4-21　铝扣板顶棚构造

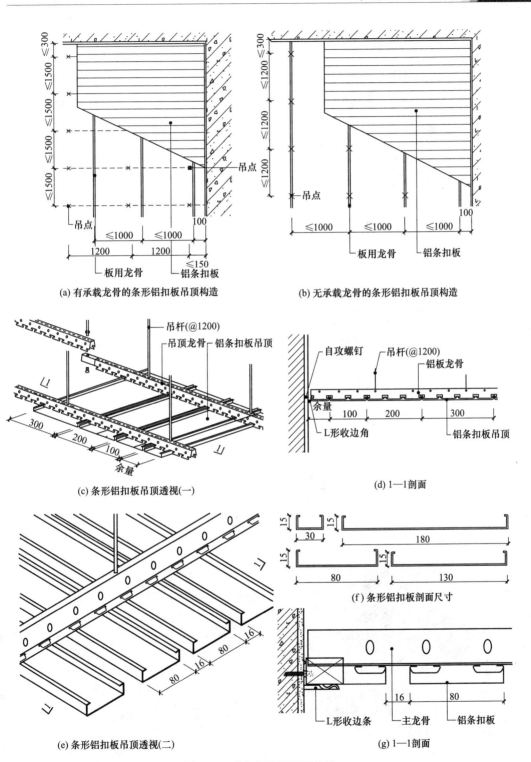

(a) 有承载龙骨的条形铝扣板吊顶构造

(b) 无承载龙骨的条形铝扣板吊顶构造

(c) 条形铝扣板吊顶透视(一)

(d) 1—1剖面

(e) 条形铝扣板吊顶透视(二)

(f) 条形铝扣板剖面尺寸

(g) 1—1剖面

图 4-22　铝扣板饰面顶棚构造

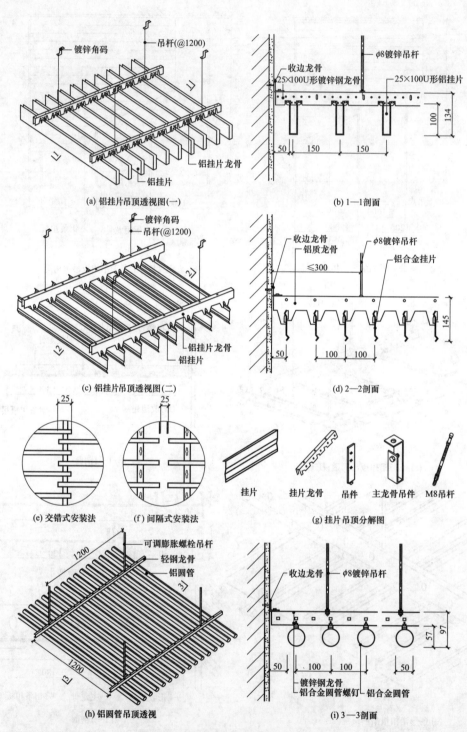

(a) 铝挂片吊顶透视图(一)

(b) 1—1剖面

(c) 铝挂片吊顶透视图(二)

(d) 2—2剖面

(e) 交错式安装法　　**(f) 间隔式安装法**

(g) 挂片吊顶分解图

(h) 铝圆管吊顶透视

(i) 3—3剖面

图4-23　铝挂片、铝圆管饰面顶棚构造

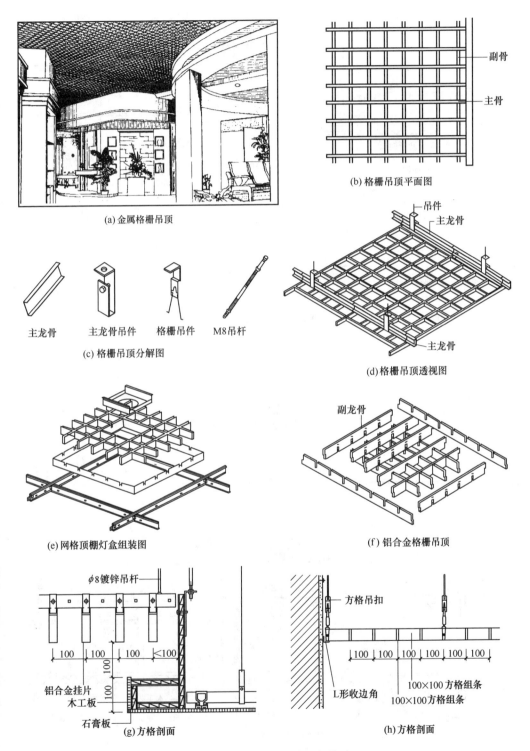

(a) 金属格栅吊顶

(b) 格栅吊顶平面图

副骨
主骨

(c) 格栅吊顶分解图

主龙骨　主龙骨吊件　格栅吊件　M8吊杆

(d) 格栅吊顶透视图

吊件
主龙骨
主龙骨

(e) 网格顶棚灯盒组装图

(f) 铝合金格栅吊顶

副龙骨

φ8镀锌吊杆

铝合金挂片
木工板
石膏板

(g) 方格剖面

方格吊扣

L形收边角

100×100方格组条
100×100方格组条

(h) 方格剖面

图 4-24　金属格栅饰面顶棚构造

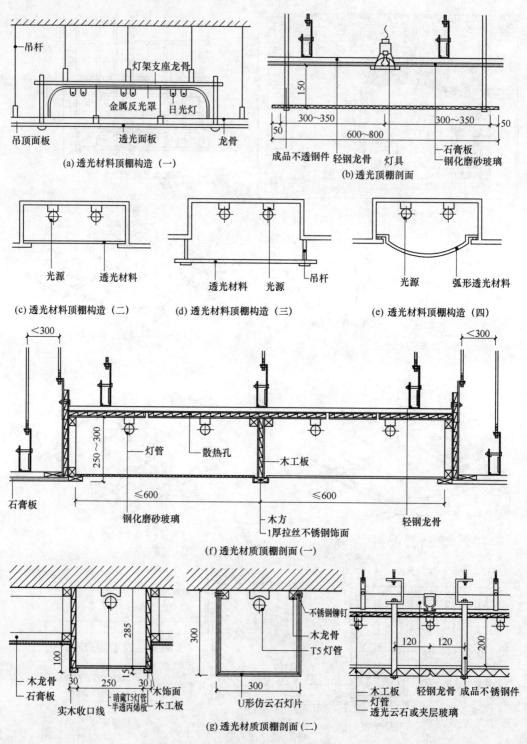

(a) 透光材料顶棚构造（一）

(b) 透光顶棚剖面

(c) 透光材料顶棚构造（二）

(d) 透光材料顶棚构造（三）

(e) 透光材料顶棚构造（四）

(f) 透光材质顶棚剖面（一）

(g) 透光材质顶棚剖面（二）

图 4-25　透光板饰面顶棚构造

⑤ 铝挂片、铝圆管饰面顶棚。挂片吊顶是一种在大型建筑设施中较为常见的金属吊顶，适用于机场、地铁、火车站等在型公共设施的室内外吊顶。在组装吊顶时，挂片吊板的板面不是平行于地面的，而是垂直于地面。铝挂片产品有 100mm、150mm、200mm 三种不同长度，以 50mm、100mm、150mm、200mm 的间距固定在龙骨上。具体构造如图 4-23 所示。

⑥ 金属格栅饰面顶棚。格栅吊顶属于开放型吊顶，因此存在着吊顶上部需要隐蔽的问题。格栅形吊顶形成的方格尺寸，应根据吊顶板的规格尺寸而定。具体构造如图 4-24 所示。

⑦ 透光板饰面顶棚。透光石，又称人造石透光板，是一种新型的复合材料，因其具有无毒性、无放射性、阻燃性、不粘油、不渗污、抗菌防霉、耐磨、耐冲击、易保养、拼接无缝、任意造型等优点。目前生产主体有雪花石、华丽石系列透光板材。适用于公共建筑及家庭装饰（透光背景墙、透光吊顶、透光方圆包柱、云石灯、窗台面、橱柜台面、洗脸台、餐桌面、厨卫墙面、茶几等）。具体构造如图 4-25 和图 4-26 所示。

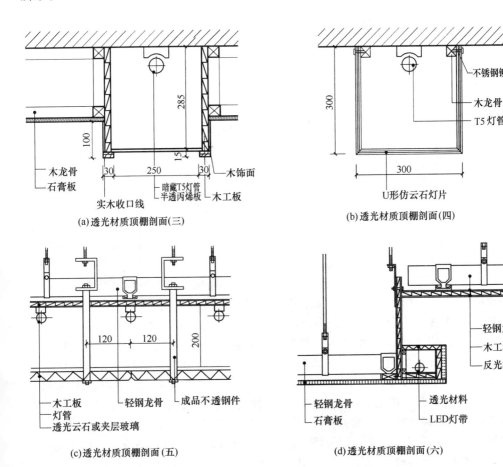

(a)透光材质顶棚剖面(三)

(b)透光材质顶棚剖面(四)

(c)透光材质顶棚剖面(五)

(d)透光材质顶棚剖面(六)

图 4-26

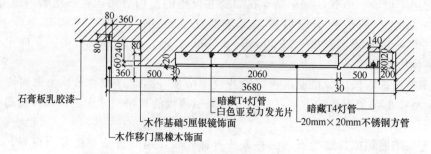

石膏板乳胶漆
暗藏T4灯管
白色亚克力发光片
暗藏T4灯管
木作基础5厘银镜饰面
20mm×20mm不锈钢方管
木作移门黑橡木饰面

(e)透光材质顶棚剖面(七)

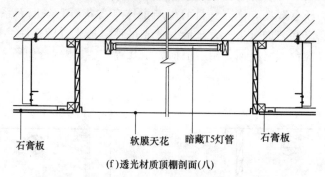

石膏板　　　　　软膜天花　暗藏T5灯管　石膏板

(f)透光材质顶棚剖面(八)

图 4-26　透光板饰面顶棚构造

⑧ 吸声板饰面顶棚。

a. 木质吸声板。木质吸声板是根据声学原理精致加工而成，由饰面、芯材和吸声薄毡组成。木质吸声板分槽木吸声板和孔木吸声板两种。

b. 矿棉吸声板。矿棉吸声板表面处理形式丰富，板材有较强的装饰效果。表面经过处理的滚花型矿棉板，俗称"毛毛虫"，表面布满深浅、形状、孔径各不相同的孔洞。

c. 布艺吸声板。布艺吸声板核心材料是离心玻璃棉。离心玻璃棉作为一种在世界各地长期广泛应用的声学材料，被证明具有优异的吸声性能。

吸声板吊顶主要应用场所：影剧院、音乐厅、博物馆、展览馆、图书馆、审讯室、画廊、拍卖厅、体育馆、报告厅、多功能厅、酒店大堂、医院、商场、学校、琴房、会议室、演播室、录音室、KTV包房、酒吧、工业厂房、机房、家庭降噪等对声学环境要求较高及高档装修的场所。构造如图4-27和图4-28所示。

⑨ 木饰面顶棚。饰面板是由多层单板纵横交错排列胶合而成的板材。最外层的正面单板称为面板，反面的称为背板，内层板称为芯板。饰面板在装修中使用广泛，可用作墙壁、木质门、家具、踢脚线、顶棚的表面饰材，而且种类众多，色泽与花纹上都具有很大的选择性。具体构造如图4-29所示。

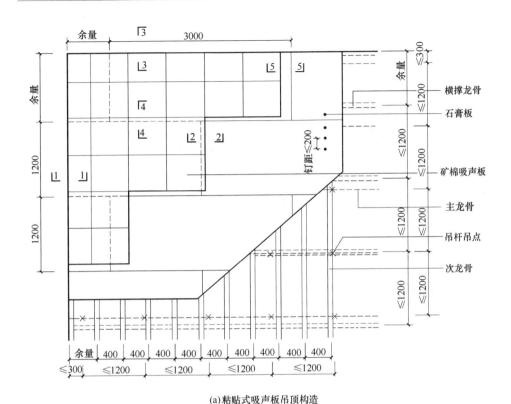

(a) 粘贴式吸声板吊顶构造

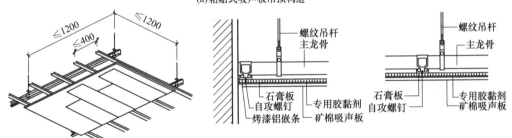

(b) 吸声板安装透视图　　　　(c) 1—1剖面　　　　(d) 2—2剖面

图 4-27　吸声板饰面顶棚构造（一）

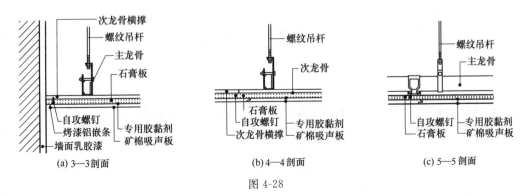

(a) 3—3剖面　　　　(b) 4—4剖面　　　　(c) 5—5剖面

图 4-28

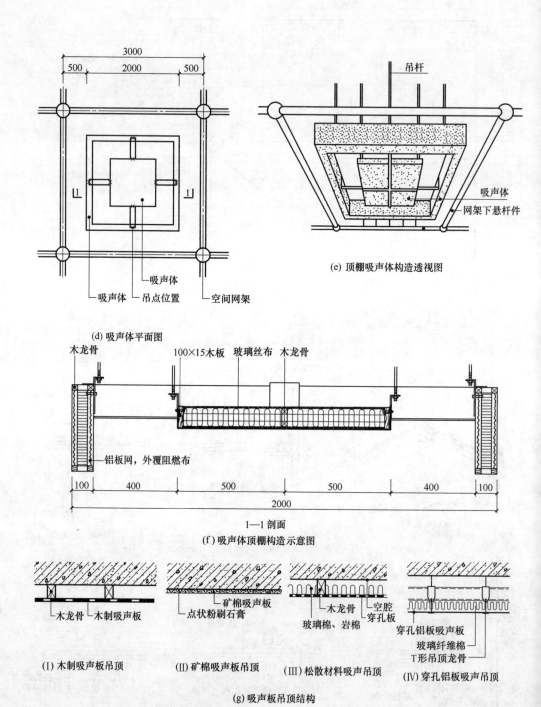

(e) 顶棚吸声体构造透视图

(d) 吸声体平面图

1—1 剖面

(f) 吸声体顶棚构造示意图

(g) 吸声板吊顶结构

图 4-28　吸声板饰面顶棚构造（二）

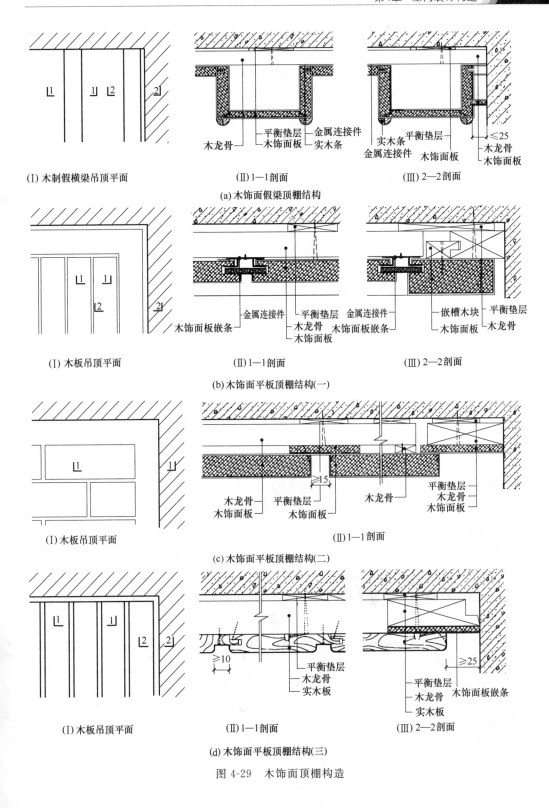

(Ⅰ) 木制假横梁吊顶平面　　　　　(Ⅱ) 1—1剖面　　　　　(Ⅲ) 2—2剖面

木龙骨　平衡垫层　金属连接件　实木条　平衡垫层　≤25
　　　　木饰面板　实木条　金属连接件　木饰面板　木龙骨　木饰面板

(a) 木饰面假梁顶棚结构

(Ⅰ) 木板吊顶平面　　　　　(Ⅱ) 1—1剖面　　　　　(Ⅲ) 2—2剖面

金属连接件　平衡垫层　金属连接件　嵌槽木块　平衡垫层
木饰面板嵌条　木龙骨　木饰面板嵌条　木龙骨　木饰面板
　　　　木饰面板

(b) 木饰面平板顶棚结构(一)

(Ⅰ) 木板吊顶平面　　　　　(Ⅱ) 1—1剖面

木龙骨　平衡垫层　木龙骨　平衡垫层
平衡垫层　木饰面板　木龙骨　木饰面板
木饰面板　　　　　15

(c) 木饰面平板顶棚结构(二)

(Ⅰ) 木板吊顶平面　　　　　(Ⅱ) 1—1剖面　　　　　(Ⅲ) 2—2剖面

平衡垫层　平衡垫层　≥25
≥10　木龙骨　木龙骨
实木板　实木板　木饰面板嵌条

(d) 木饰面平板顶棚结构(三)

图 4-29　木饰面顶棚构造

⑩ GRG 板饰面顶棚。GRG 板即玻璃纤维加强石膏板，是一种特殊改良纤维石膏装饰材料，造型的随意性使其成为要求个性化的建筑师的首选，它独特的材料构成方式足以抵御外部环境造成的破损、变形和开裂，制成的预铸式新型装饰材料。此种材料可制成各种平面板、各种功能产品及各种艺术造型，是目前国际上建筑装饰材料界最流行的更新换代产品。具体构造如图 4-30 所示。

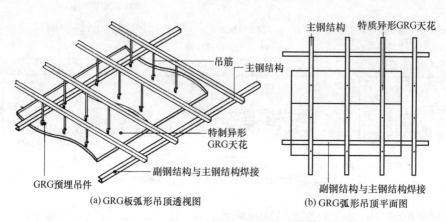

(a) GRG 板弧形吊顶透视图　　　　(b) GRG 弧形吊顶平面图

图 4-30　GRG 板饰面顶棚构造

⑪ 软膜饰面顶棚。软膜采用特殊的聚氯乙烯材料制成，厚度为 0.18～0.2mm，重 180～320g/ m^2，其防火级别为 B1 级。软膜通过一次或多次切割成形，并用高频焊接完成。软膜需要在实地测量出天花尺寸后，在工厂里制作完成。软膜尺寸的稳定性在－15～

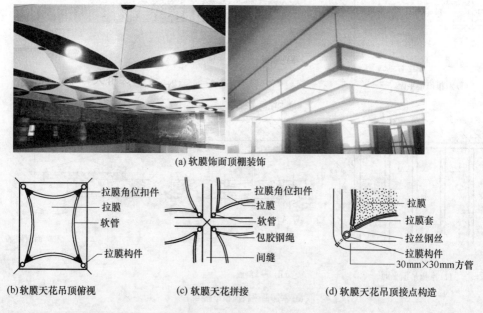

(a) 软膜饰面顶棚装饰

(b) 软膜天花吊顶俯视　　(c) 软膜天花拼接　　(d) 软膜天花吊顶接点构造

图 4-31　软膜饰面顶棚构造

45℃。透光膜天花可配合各种灯光系统（如霓虹灯、荧光灯、LED灯）营造梦幻般、无影的室内灯光效果。同时摒弃了玻璃或有机玻璃的笨重、危险以及小块拼装的缺点，已逐步成为新的装饰亮点。有光面膜、透光膜、哑光面、鲸皮面、金属面、珠光面、梦幻面、孔状面、基本膜、玻璃膜、精印膜、锻面膜。具体构造如图4-31所示。

（5）顶棚灯具安装示意图

顶棚灯具安装示意如图4-32和图4-33所示。

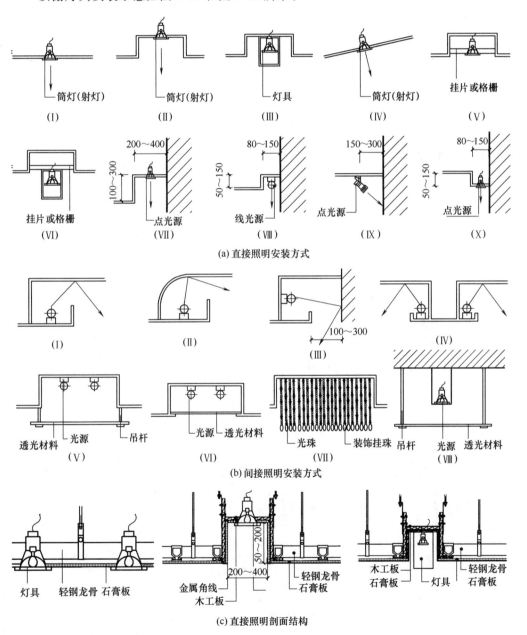

图 4-32

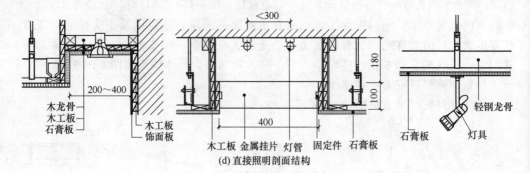

（d）直接照明剖面结构

图 4-32　顶棚灯具安装示意图（一）

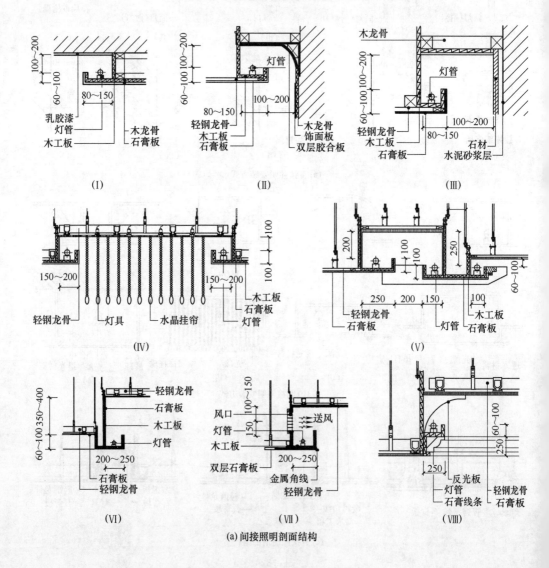

（a）间接照明剖面结构

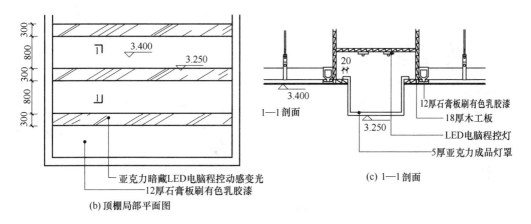

(b)顶棚局部平面图

亚克力暗藏LED电脑程控动感变光
12厚石膏板刷有色乳胶漆

12厚石膏板刷有色乳胶漆
18厚木工板
LED电脑程控灯
5厚亚克力成品灯罩

1—1剖面

(c) 1—1剖面

图4-33　顶棚灯具安装示意图（二）

（6）窗帘轨及窗帘盒结构

根据顶部的处理方式不同，窗帘盒有两种形式。一种是房间有吊顶的，窗帘盒隐蔽在吊顶内，在做顶部吊顶时就一同完成；另一种是房间未吊顶，窗帘盒固定在墙上，与窗框套成为一个整体。窗帘板距墙200mm左右，高度200mm左右，可比窗洞宽度稍宽些。具体构造如图4-34所示。

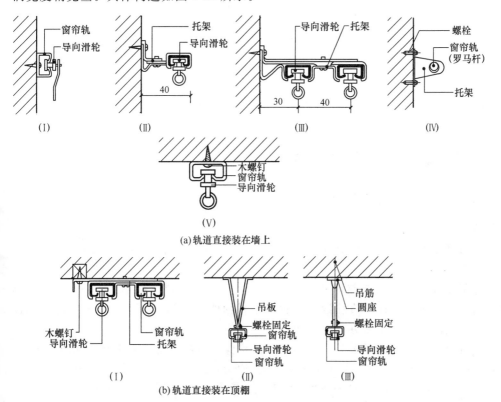

图 4-34

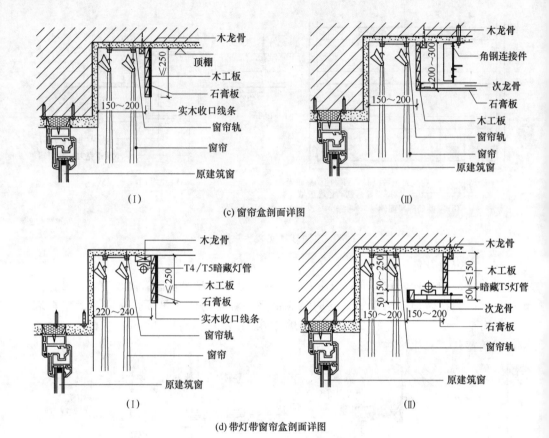

(c) 窗帘盒剖面详图

(d) 带灯带窗帘盒剖面详图

图 4-34　窗帘轨及窗帘盒结构

4.3　墙面、柱面装饰构造

4.3.1　墙面装饰装修构造

（1）墙面

室内墙面的装饰构造与墙面的装饰用材有关。墙面的装饰装修主要有：涂料类、墙纸墙布类、织物饰面类、木板类、金属板类、陶瓷类、石材类等。

① 涂料墙面构造。涂料即油漆，是各种饰面做法中最为简便、经济的方法，墙体涂料的涂饰施工，有喷漆和滚漆两种，涂料的做法分为三层、底层、中间层和面层。构造做法如图 4-35 所示。

② 墙纸与墙布类墙面构造。墙纸、墙布均应粘贴在具有表面平整、光洁、干净、不疏松掉粉的基层上，在粘贴时，对要求对花的墙纸或墙布在尺寸上，长度要比墙高出 100～150mm，以适应对花粘贴的要求。墙纸大致在抹灰基层、墙基层、阻燃型胶合板基层等三类墙体上粘贴。构造做法如图 4-36 所示。

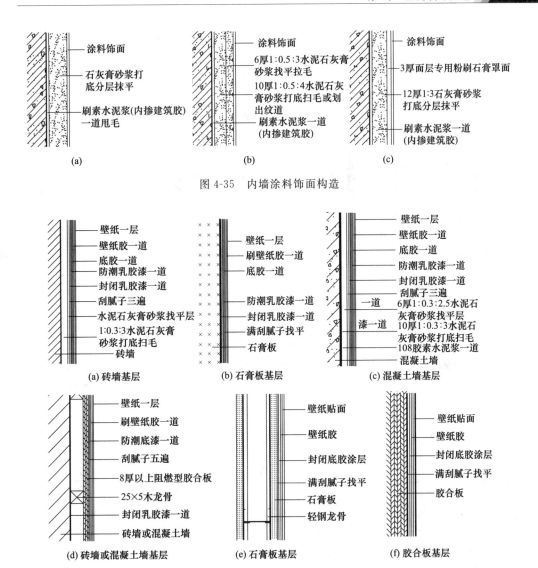

图 4-35　内墙涂料饰面构造

图 4-36　墙纸与墙布饰面构造

　　③ 织物饰面构造。织物饰面分为无声吸声硬包墙面和吸声层软包墙面。软包是指在墙面上用塑料泡沫、织物等覆盖构成装饰面层。其基本结构为底层、吸声层和面层。软包墙面有一定有吸声力，且触感柔软。构造如图 4-37 所示。

　　④ 木饰面板。室内装饰施工中使用的饰面板主要有两类，分别为 3mm 厚木饰面板（切片板），以胶合板为基材，经过胶黏工艺制作而成的具有单面装饰作用的装饰板材，规格为 1200mm×2400mm、1220mm×2440mm。薄木饰面板（成品饰面板）是工厂化生产并油漆好的成品板材，工厂加工各种尺寸规格，到施工现场就能组装。应用在墙面、顶面的木饰面造型、成品木材、木框磁以及成品木橱家具等部位。推荐厚度为 12mm 或 18mm 的中密度纤维板为基层。构造如图 4-38 所示。

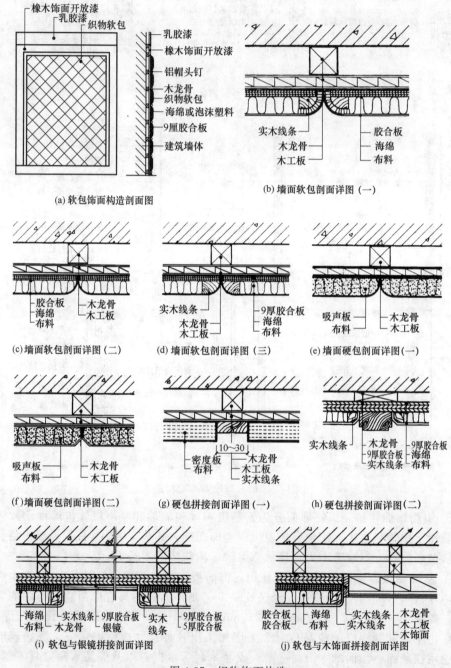

（a）软包饰面构造剖面图

（b）墙面软包剖面详图（一）

（c）墙面软包剖面详图（二）

（d）墙面软包剖面详图（三）

（e）墙面硬包剖面详图（一）

（f）墙面硬包剖面详图（二）

（g）硬包拼接剖面详图（一）

（h）硬包拼接剖面详图（二）

（i）软包与银镜拼接剖面详图

（j）软包与木饰面拼接剖面详图

图 4-37　织物饰面构造

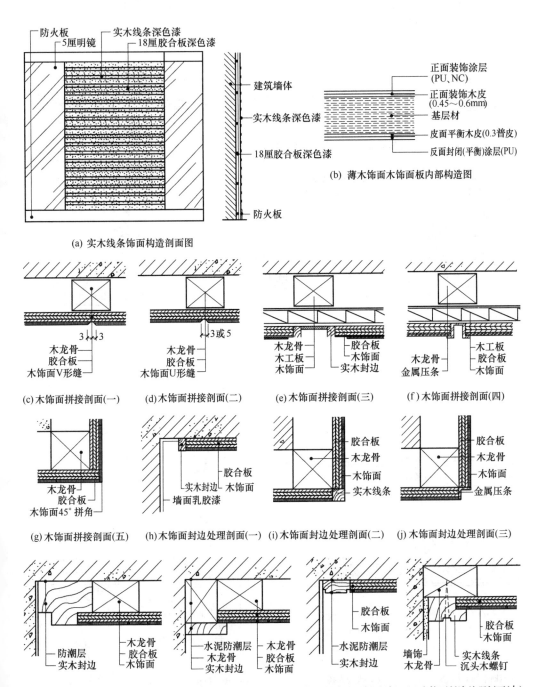

图 4-38 木饰面板构造示意图

木饰面与其他材质交接剖面详图及干挂剖面详图如图 4-39 所示。木墙裙及墙面接缝压条结构详图如图 4-40 所示。

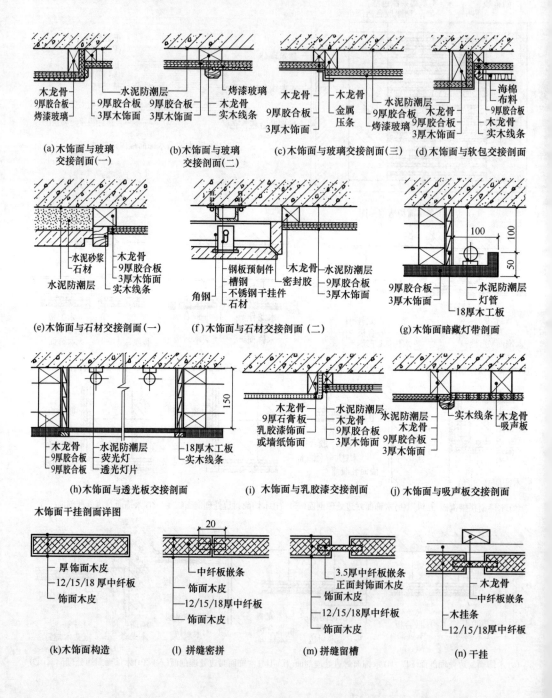

(a) 木饰面与玻璃交接剖面(一)

(b) 木饰面与玻璃交接剖面(二)

(c) 木饰面与玻璃交接剖面(三)

(d) 木饰面与软包交接剖面

(e) 木饰面与石材交接剖面(一)

(f) 木饰面与石材交接剖面(二)

(g) 木饰面暗藏灯带剖面

(h) 木饰面与透光板交接剖面

(i) 木饰面与乳胶漆交接剖面

(j) 木饰面与吸声板交接剖面

木饰面干挂剖面详图

(k) 木饰面构造

(l) 拼缝密拼

(m) 拼缝留槽

(n) 干挂

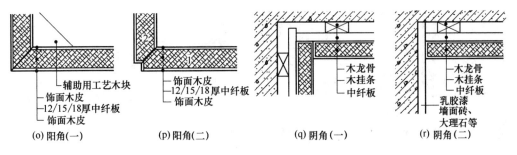

（o）阳角（一）　（p）阳角（二）　（q）阴角（一）　（r）阴角（二）

图 4-39　木饰面结构示意图

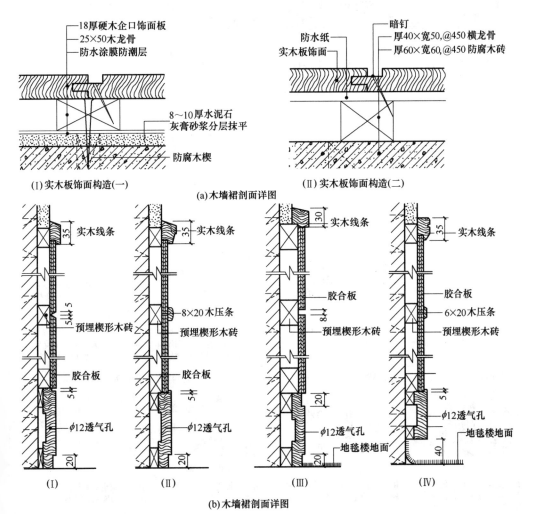

（Ⅰ）实木板饰面构造（一）　（Ⅱ）实木板饰面构造（二）

（a）木墙裙剖面详图

（Ⅰ）　　（Ⅱ）　　（Ⅲ）　　（Ⅳ）

（b）木墙裙剖面详图

图 4-40

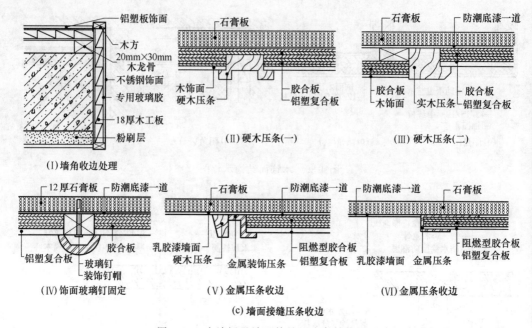

图 4-40　木墙裙及墙面接缝压木条结构详图

⑤ 陶瓷类饰面。最常见的陶瓷贴面有：釉面砖（瓷砖）、各类面砖、陶瓷锦砖（马赛克）等，在此仅介绍瓷砖的构造做法，其他材料的铺贴方法可以此类推。其粘贴结构示意如图 4-41 所示。

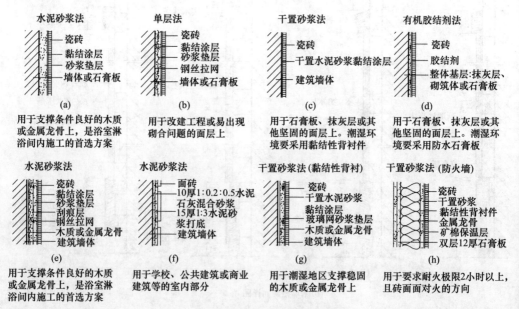

图 4-41　陶瓷类粘贴结构示意图

瓷砖的构造做法如下。

a. 基层抹底灰。底灰 1：3 的水泥砂浆，厚度 15mm，分两遍抹平。

b. 铺贴面砖。先做粘贴砂浆层，厚度应不小于 10mm。砂浆可用 1：2.5 水泥砂浆，也可用 1：0.2：2.5 的水泥石灰混合砂浆，如在 1：2.5 水泥砂浆中加入 5％～10％的 108 胶，粘贴效果则更好。

c. 做面层细部处理。在瓷砖贴好后，用 1：1 水泥细砂浆填缝，再用白水泥勾缝，最后清理面砖的表面。

⑥ 玻璃饰面。墙面玻璃固定示意图如图 4-42 所示。

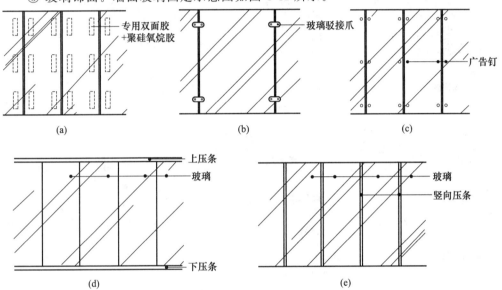

图 4-42 墙面玻璃固定示意图

玻璃饰面剖面详图如图 4-43 所示。

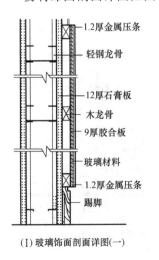
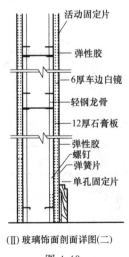
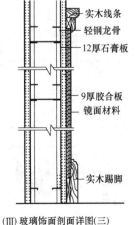

(Ⅰ) 玻璃饰面剖面详图(一) (Ⅱ) 玻璃饰面剖面详图(二) (Ⅲ) 玻璃饰面剖面详图(三)

图 4-43

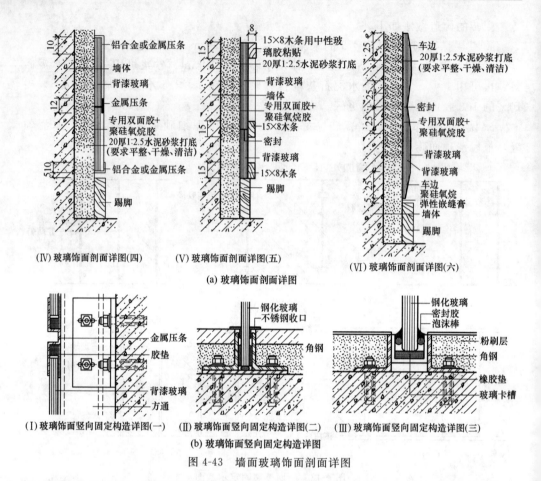

(Ⅳ) 玻璃饰面剖面详图(四)　　(Ⅴ) 玻璃饰面剖面详图(五)　　(Ⅵ) 玻璃饰面剖面详图(六)

(a) 玻璃饰面剖面详图

(Ⅰ) 玻璃饰面竖向固定构造详图(一)　　(Ⅱ) 玻璃饰面竖向固定构造详图(二)　　(Ⅲ) 玻璃饰面竖向固定构造详图(三)

(b) 玻璃饰面竖向固定构造详图

图 4-43　墙面玻璃饰面剖面详图

　　接缝构造适用于挂贴或粘贴石墙面或柱面，采用铝合金、不锈钢、铜条等金属嵌条，面材和嵌条由设计人员定。接缝构造见图 4-44 所示。

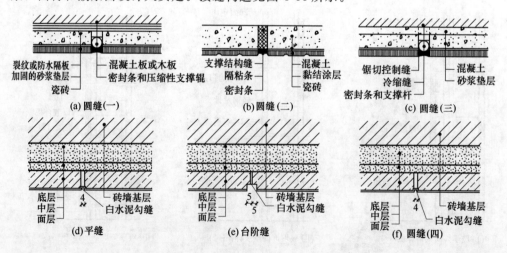

(a) 圆缝(一)　　　　　　(b) 圆缝(二)　　　　　　(c) 圆缝(三)

(d) 平缝　　　　　　　　(e) 台阶缝　　　　　　　(f) 圆缝(四)

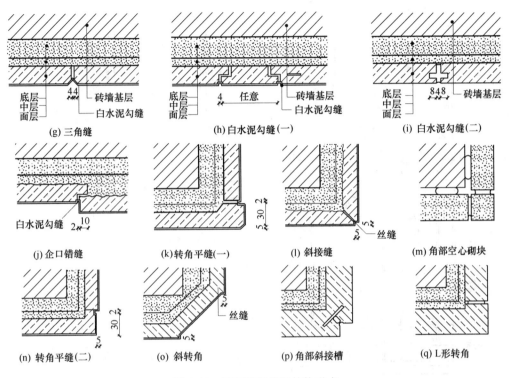

图 4-44 墙面装饰接缝结构形式

（2）隔墙构造

① 轻钢龙骨隔墙构造如图 4-45 所示。

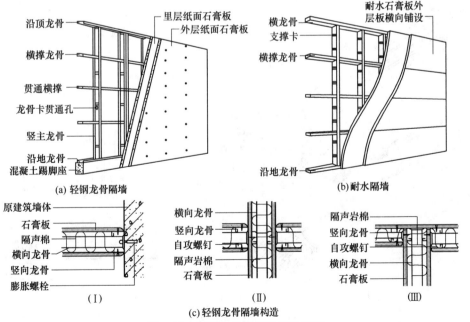

图 4-45 轻钢龙骨隔墙构造示意图

② 木龙骨隔墙构造如图 4-46 所示。

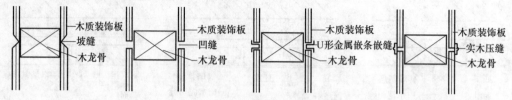

图 4-46　木龙骨隔墙面层做法示意图

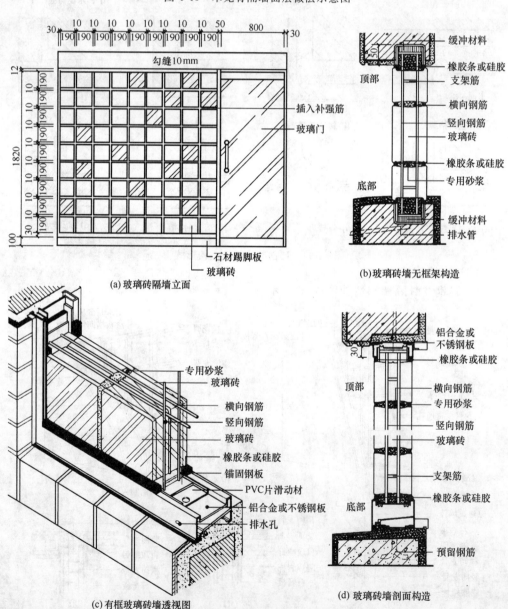

(a) 玻璃砖隔墙立面

(b) 玻璃砖墙无框架构造

(c) 有框玻璃砖墙透视图

(d) 玻璃砖墙剖面构造

图 4-47　玻璃砖隔墙构造示意图

③ 玻璃砖隔墙。空心玻璃砖墙体以玻璃为基材，透明中空的小型砌块，具有采光好、隔热、隔声、防潮、可重复回收利用等特点。内墙可采用 95mm 或 80mm 厚的装饰，外墙采用 95mm 厚的装饰，高度小于 2400mm。空心玻璃砖规格见表 4-1。

表 4-1 空心玻璃砖规格

长×宽×厚/mm×mm×mm				
100×100×95	193×193×95	190×190×95	115×115×50	145×145×95
115×115×80	240×240×80	240×115×80	120×120×95	190×190×80
125×125×95	300×145×95	300×90×100	139×139×95	145×145×95
140×140×95	300×300×100	300×196×100	145×145×95	

玻璃砖隔墙构造如图 4-47 所示。

④ 吸声隔墙构造如图 4-48 所示。

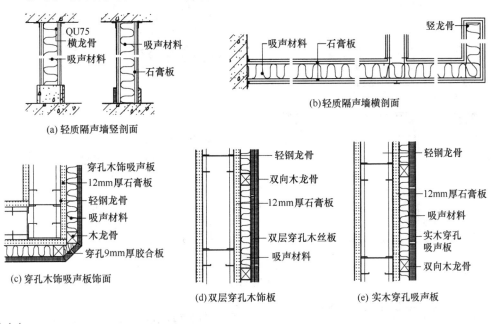

(a) 轻质隔声墙竖剖面

(b) 轻质隔声墙横剖面

(c) 穿孔木饰吸声板饰面

(d) 双层穿孔木饰板

(e) 实木穿孔吸声板

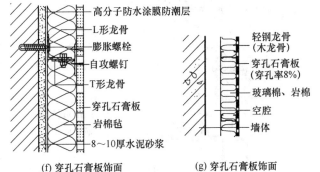

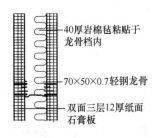

(f) 穿孔石膏板饰面

(g) 穿孔石膏板饰面

(h) 纸面石膏板饰面

图 4-48　吸声隔墙构造示意图

⑤ 办公空间隔断做法如图 4-49 所示。

4.3.2　柱子装饰装修构造

　　柱子的装饰主要是包柱身、做柱头和柱础。包柱身一般使用胶合板、石材、不锈钢板、铝塑板、玻璃、铜合金板等材料。各种材质包柱装饰构造详图如图 4-50～图 4-52 所示。

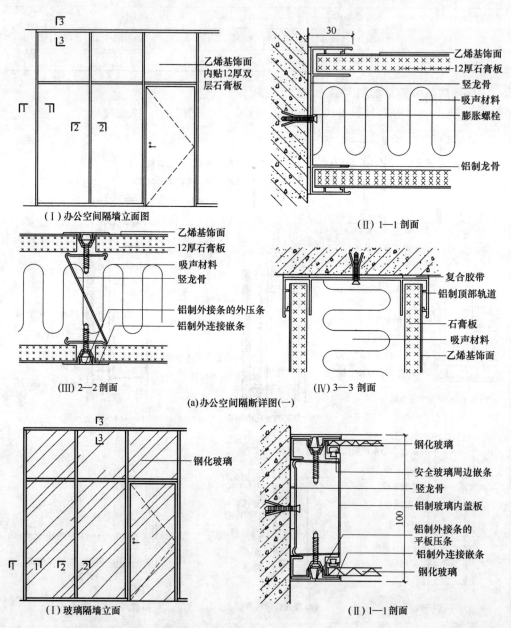

（Ⅰ）办公空间隔墙立面图

乙烯基饰面内贴12厚双层石膏板

（Ⅱ）1—1 剖面

乙烯基饰面
12厚石膏板
竖龙骨
吸声材料
膨胀螺栓

铝制龙骨

（Ⅲ）2—2 剖面

乙烯基饰面
12厚石膏板
吸声材料
竖龙骨
铝制外接条的外压条
铝制外连接嵌条

（Ⅳ）3—3 剖面

复合胶带
铝制顶部轨道
石膏板
吸声材料
乙烯基饰面

(a)办公空间隔断详图(一)

（Ⅰ）玻璃隔墙立面

钢化玻璃

（Ⅱ）1—1 剖面

钢化玻璃
安全玻璃周边嵌条
竖龙骨
铝制玻璃内盖板
铝制外接条的平板压条
铝制外连接嵌条
钢化玻璃

100

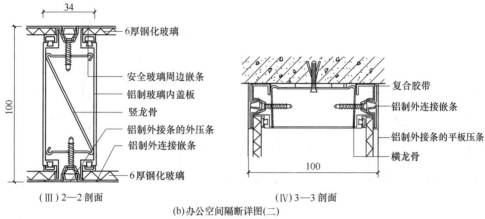

（Ⅲ）2—2剖面　　　　　　　　（Ⅳ）3—3剖面

(b)办公空间隔断详图(二)

图 4-49　办公空间隔断构造示意图

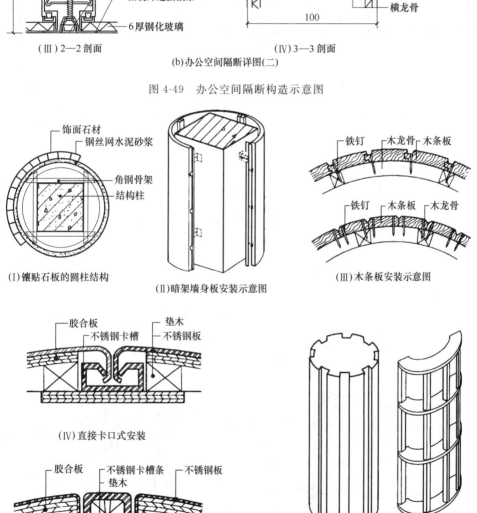

（Ⅰ）镶贴石板的圆柱结构　　（Ⅱ）暗架墙身板安装示意图　　（Ⅲ）木条板安装示意图

（Ⅳ）直接卡口式安装

（Ⅶ）不锈钢包圆柱子结构　　　　（Ⅴ）抽筋圆柱及分格条　（Ⅵ）半圆柱骨架

(a) 圆柱构造

图 4-50

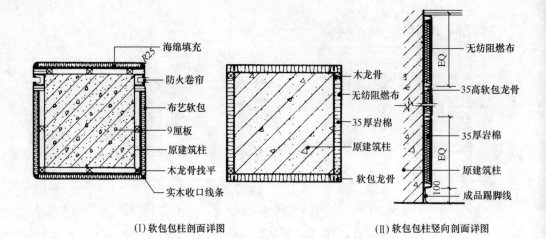

（I）软包包柱剖面详图 　　　　（II）软包包柱竖向剖面详图

（b）各类材质装饰柱构造

图 4-50　包柱装饰构造详图

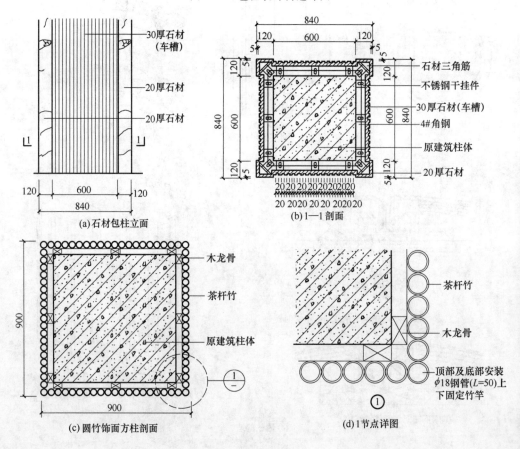

（a）石材包柱立面

（b）1—1 剖面

（c）圆竹饰面方柱剖面

（d）1 节点详图

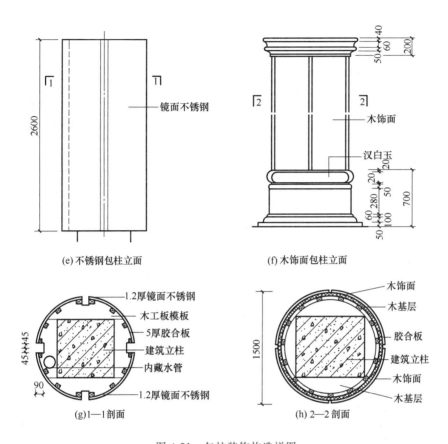

图 4-51 包柱装饰构造详图

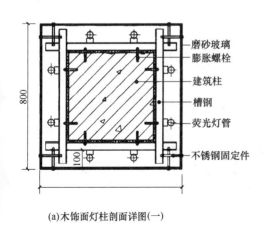

(a)木饰面灯柱剖面详图(一)

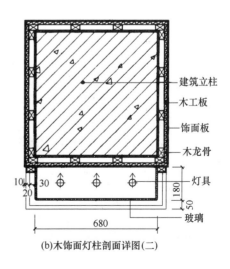

(b)木饰面灯柱剖面详图(二)

图 4-52

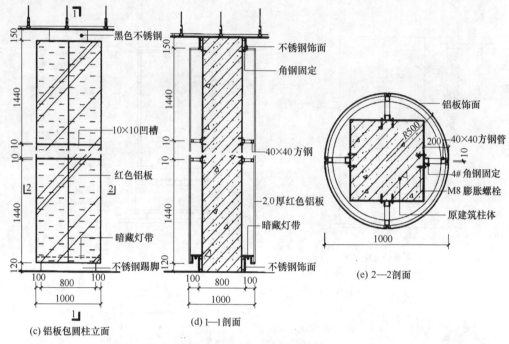

图 4-52　包柱装饰构造详图

4.4　门窗装饰装修构造

4.4.1　室内门装饰装修构造

（1）木质门的规格

常见门洞口尺寸为 700mm×2000mm、760mm×2000mm、800mm×2000mm、900mm×2000mm、700mm×2100mm、760mm×2100mm、800mm×2100mm、900mm×2100mm、1200mm×2100mm、2100mm×2400mm 共十种。特殊的门洞尺寸根据设计或现场实际测量决定。

门洞尺寸与门扇厚度：700/800/900mm×2100mm×40mm。1200/1500mm×2100mm×45mm。700/800/900/1200/1500mm×2400mm×45mm。门洞，门套，门扇宽度、高度相互关系如图 4-53 所示。

（2）木质门合页内安装要求

木质门窗合页安装位置符合表 4-2 的要求。

表 4-2　合页的安装位置表　　　　　　　　　　单位：mm

门扇高度	合页安装数量	上合页与门扇顶边距	下合页与门扇底边距离	其他合页位置
＜2000	2	180	200	见图 4-53（a）
2001～2500	3	180	200	见图 4-53（b）
2501～3000	4 或以上	180	200	见图 4-53（c）
＞3000	5 或以上	180	200	上下合页间距离平分

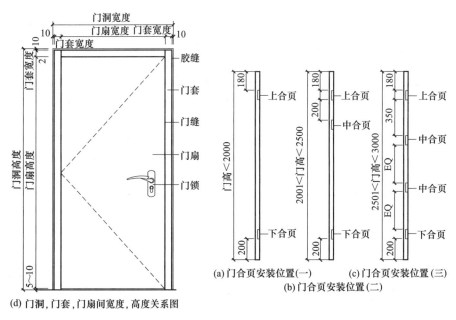

(d) 门洞, 门套, 门扇间宽度, 高度关系图

图 4-53　门洞, 门套, 门扇宽度、高度关系示意图

（3）平板单开门构造

平板单开门立面见图 4-54、剖面构造见图 4-55。

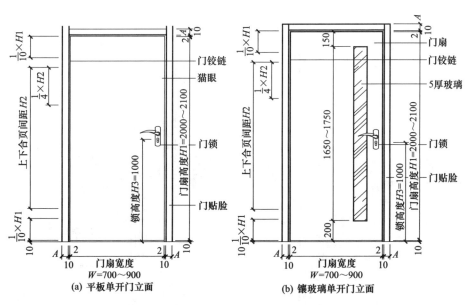

图 4-54　平板单开门立面

（4）厨房单轨移门及双轨移门构造

厨房单轨移门构造如图 4-56 所示，双轨移门构造如图 4-57 所示。

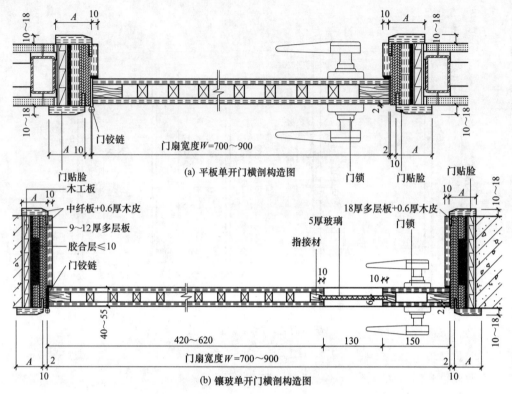

(a) 平板单开门横剖构造图

门扇宽度 $W=700\sim900$

门铰链

门贴脸

木工板

中纤板+0.6厚木皮

9~12厚多层板

胶合层≤10

门铰链

门锁

门贴脸

门贴脸

18厚多层板+0.6厚木皮

5厚玻璃

指接材

(b) 镶玻单开门横剖构造图

门扇宽度 $W=700\sim900$

图 4-55 平板单开门剖面构造

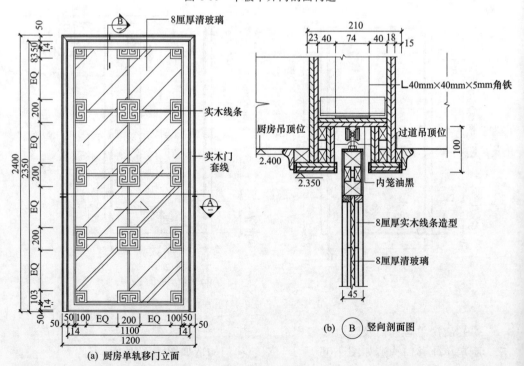

8厘厚清玻璃

实木线条

实木门套线

(a) 厨房单轨移门立面

L 40mm×40mm×5mm角铁

厨房吊顶位

过道吊顶位

内笼油黑

8厘厚实木线条造型

8厘厚清玻璃

(b) B 竖向剖面图

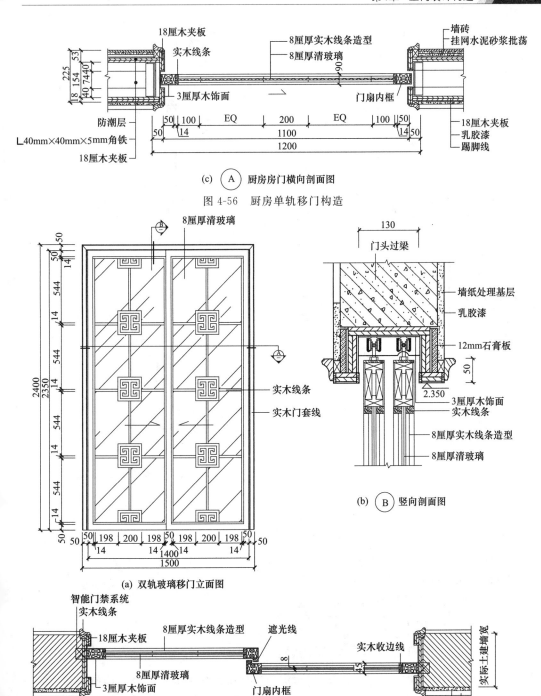

(c) Ⓐ 厨房房门横向剖面图

图 4-56 厨房单轨移门构造

(b) Ⓑ 竖向剖面图

(a) 双轨玻璃移门立面图

(c) Ⓐ 横向剖面图

图 4-57 双轨移门构造

（5）标准房门构造

标准房门构造如图 4-58 所示。

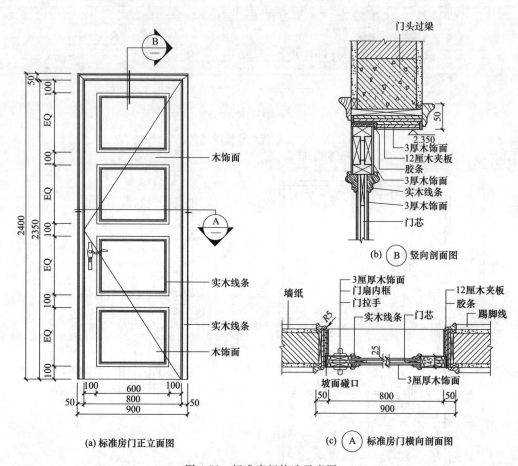

图 4-58　标准房门构造示意图

（6）电梯门结构

电梯门结构示意图如图 4-59 所示。

（7）移门、折叠门平面形式

移门、折叠门平面形式如图 4-60 所示。

4.4.2　室内窗套装饰装修构造

室内窗套在窗框的室内侧用板材将周边墙体包裹形成窗套。窗口内侧全包，转过阳角向墙面延伸宽度一般在 100～200mm，与窗成为一体，既美观又可防沾污。通常使用层压板或纤维板加木线制作，设在窗套下部的窗台板多采用扇材料配成，如是木框窗、窗台板多采用硬木制成，如是金属框窗，窗台板多采用大理石制成。窗套结构详图如图 4-61 所示。

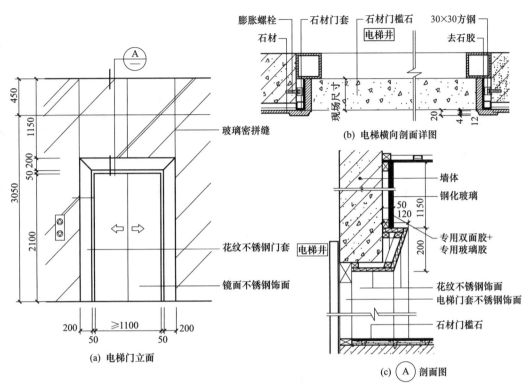

图 4-59 电梯门结构示意图

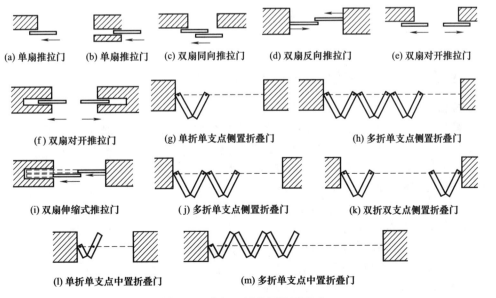

图 4-60 移门、折叠门平面形式

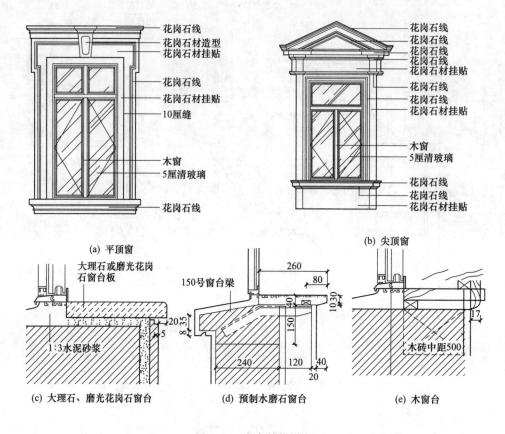

(a) 平顶窗　　　　　　　　　　　　　(b) 尖顶窗

(c) 大理石、磨光花岗石窗台　　　(d) 预制水磨石窗台　　　(e) 木窗台

图 4-61　窗套结构详图

4.5　室内楼梯装饰装修构造

楼梯的构成

楼梯一般由梯段、平台、中间平台三大部分构成。楼梯的主体部分是梯段，它包括结构支承体、踏步、栏杆（栏板）扶手等。

单人行梯段宽度一般为 900mm；双人通行梯段宽度一般为 1100～1400mm；三人通行梯段宽度一般为 1650～2100mm。

踏步宽度最小宽度为 240mm，舒适的宽度为 300mm 左右。踏步高度则不宜大于 170mm，较舒适的高度为 150mm 左右。

① 楼梯平面形式与楼梯踏步防滑结构详图如图 4-62 所示。

② 木材、石材踏面楼梯结构如图 4-63 所示。

③ 楼梯栏杆立面结构详图如图 4-64 所示。

④ 楼梯结构详图如图 4-65～图 4-68 所示。

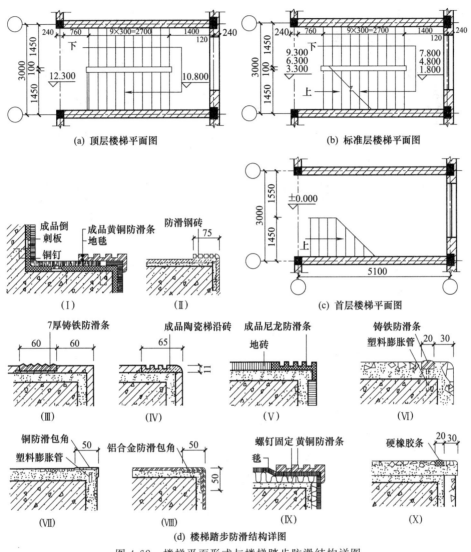

(a) 顶层楼梯平面图

(b) 标准层楼梯平面图

（Ⅰ）

（Ⅱ）

(c) 首层楼梯平面图

（Ⅲ）　（Ⅳ）　（Ⅴ）　（Ⅵ）

（Ⅶ）　（Ⅷ）　（Ⅸ）　（Ⅹ）

(d) 楼梯踏步防滑结构详图

图 4-62　楼梯平面形式与楼梯踏步防滑结构详图

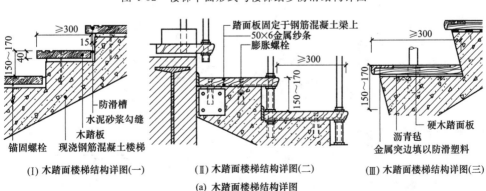

（Ⅰ）木踏面楼梯结构详图（一）

（Ⅱ）木踏面楼梯结构详图（二）

（Ⅲ）木踏面楼梯结构详图（三）

(a) 木踏面楼梯结构详图

图 4-63

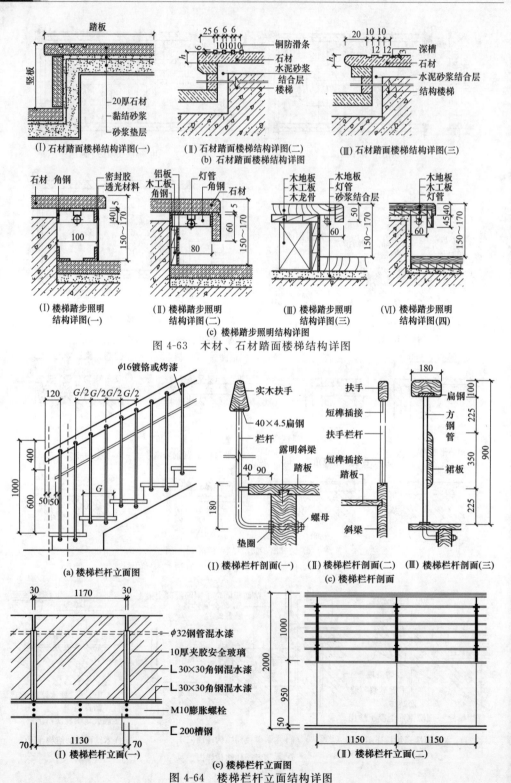

(I) 石材踏面楼梯结构详图(一)　(II) 石材踏面楼梯结构详图(二)　(III) 石材踏面楼梯结构详图(三)

(b) 石材踏面楼梯结构详图

(I) 楼梯踏步照明结构详图(一)　(II) 楼梯踏步照明结构详图(二)　(III) 楼梯踏步照明结构详图(三)　(VI) 楼梯踏步照明结构详图(四)

(c) 楼梯踏步照明结构详图

图 4-63　木材、石材踏面楼梯结构详图

(a) 楼梯栏杆立面图

(I) 楼梯栏杆剖面(一)　(II) 楼梯栏杆剖面(二)　(III) 楼梯栏杆剖面(三)

(c) 楼梯栏杆剖面

(I) 楼梯栏杆立面(一)　(II) 楼梯栏杆立面(二)

(c) 楼梯栏杆立面图

图 4-64　楼梯栏杆立面结构详图

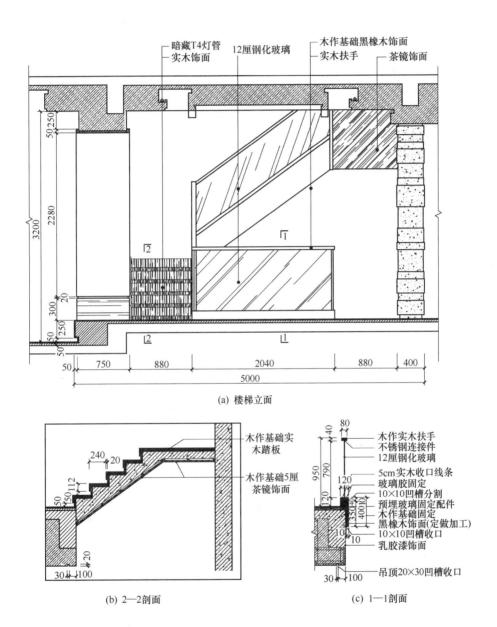

图 4-65　楼梯结构详图（一）

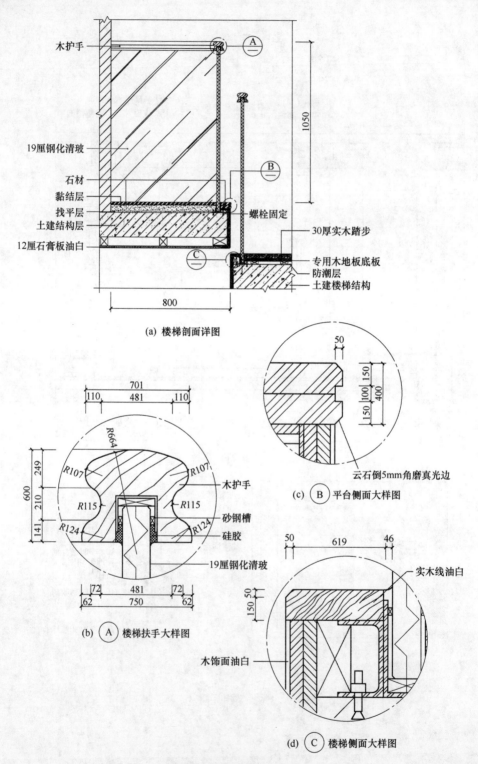

木护手

19厘钢化清玻

石材
黏结层
找平层
土建结构层
12厘石膏板油白

螺栓固定

30厚实木踏步

专用木地板底板
防潮层
土建楼梯结构

1050

800

(a) 楼梯剖面详图

50

150 100 150
400
150

云石倒5mm角磨真光边

(c) B 平台侧面大样图

701
110 481 110

R664
R107
R107
R115
R115
R124
R124

600
249
210
141

木护手

砂钢槽

硅胶

19厘钢化清玻

72 481 72
62 750 62

(b) A 楼梯扶手大样图

50 619 46

150 50

实木线油白

木饰面油白

(d) C 楼梯侧面大样图

图 4-66　楼梯结构详图（二）

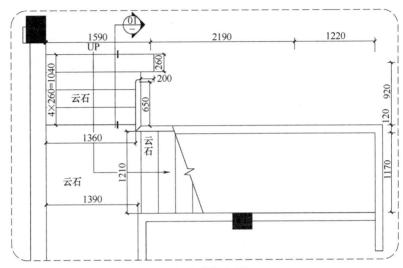

(a) 地下层楼梯平面图

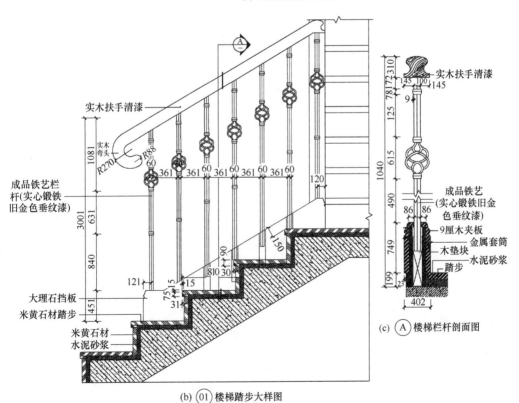

(b) ①楼梯踏步大样图

(c) Ⓐ楼梯栏杆剖面图

图 4-67 楼梯结构详图（三）

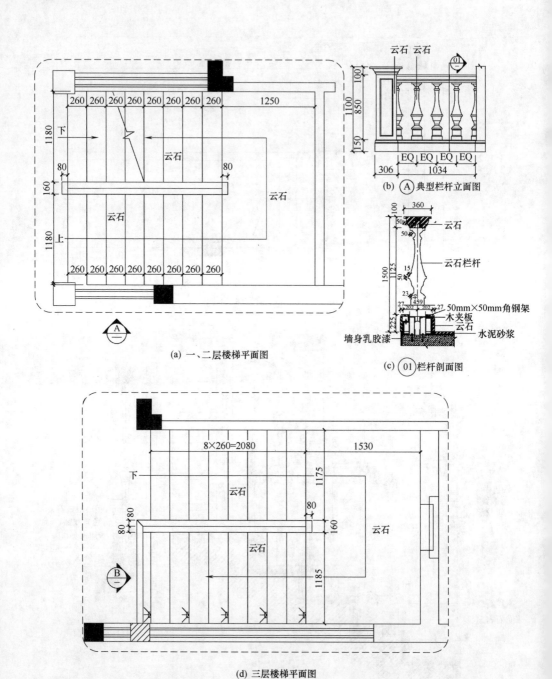

(a) 一、二层楼梯平面图

(b) Ⓐ 典型栏杆立面图

(c) 01 栏杆剖面图

(d) 三层楼梯平面图

图 4-68 楼梯结构详图（四）

4.6　洗浴空间装饰装修构造

洗浴空间界面装饰构造与其他空间界面装饰构造形式基本上一致，需注意的是洗浴空间界面的构造必须做好防水、防潮、防腐处理。洗浴空间中洁具都是成品安装的，安装时需注意洁具和五金配件的位置和高度，如浴缸、坐便器、水龙头、扶手、毛巾架、喷淋头等设备。

（1）分类

浴缸的分类可以从大的方面来分有如下分类。

① 按款式分为无裙边缸和有裙边缸，款式有心形、圆形、椭圆形、长方形、三角形等。

② 按功能分为普通浴缸、按摩浴缸等，按摩浴缸包括坐泡式按摩浴缸、水疗按摩浴缸、水疗空气按摩浴缸、脉冲按摩浴缸等。

③ 按制作材料分为铸铁浴缸、亚克力浴缸、钢板浴缸、木质浴桶等。浴缸按形状分为：无裙边缸和有裙边缸，裙边很好理解，就是上面出口部分带不带边。款式有心形、圆形、椭圆形、长方形、三角形等；不同的款式，它们的功能的侧重点不同，尺寸相差很大，就是相同的形状，尺寸也不一定相同的。有的浴缸上面带龙头，有的浴缸上面不带龙头，要另外配浴缸龙头。

洗浴空间主要设备的安装要求如图4-69、表4-3所示。

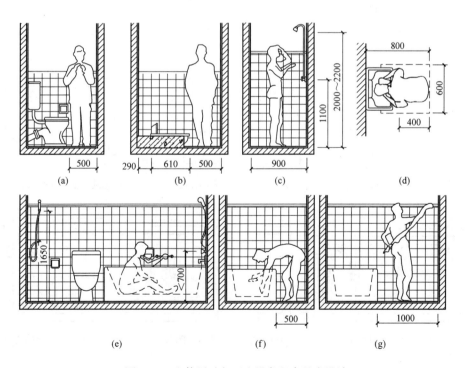

图 4-69　人体活动与卫生设备组合尺度设计

表 4-3　洗浴空间中主要设备安装要求

项目	安 装 要 求
浴盆	人进出一边距离≥600mm
喷头	喷头间距离≥450mm,喷头中心与洁具水平距离≥350mm,喷头距地面 2000～2200mm
洗面盆	中心路侧墙≥450mm,侧边距洁具≥100mm(与浴盆可重叠 50mm),前边距墙或距洁具≥600mm,前边距地面 720～780mm
蹲便器	中心距侧墙,有竖管≥450mm;无竖管≥400mm。中心距侧面洁具≥350mm,前边距墙及洁具≥400mm
坐便器	中心距侧墙,有竖管≥450mm;无竖管≥400mm。中心距侧面洁具≥350mm,前边距墙≥550mm,前边距洁具≥500mm
供水管	管壁距墙≥20mm
排水管	管壁一边距墙 80mm,另一边距墙≥50mm

（2）卫生间布置

① 住宅卫生间平面布置见图 4-70。

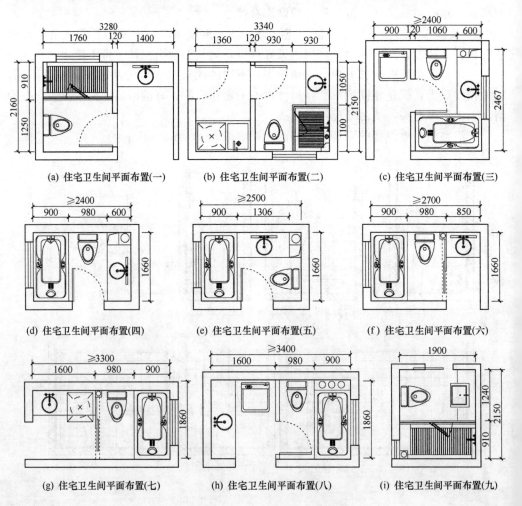

(a) 住宅卫生间平面布置(一)　　(b) 住宅卫生间平面布置(二)　　(c) 住宅卫生间平面布置(三)

(d) 住宅卫生间平面布置(四)　　(e) 住宅卫生间平面布置(五)　　(f) 住宅卫生间平面布置(六)

(g) 住宅卫生间平面布置(七)　　(h) 住宅卫生间平面布置(八)　　(i) 住宅卫生间平面布置(九)

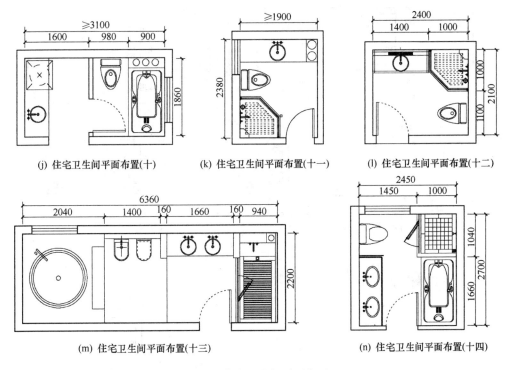

(j) 住宅卫生间平面布置(十)　　(k) 住宅卫生间平面布置(十一)　　(l) 住宅卫生间平面布置(十二)

(m) 住宅卫生间平面布置(十三)　　　　(n) 住宅卫生间平面布置(十四)

图 4-70　住宅卫生间平面布置

② 公共卫生间平面布置见图 4-71。

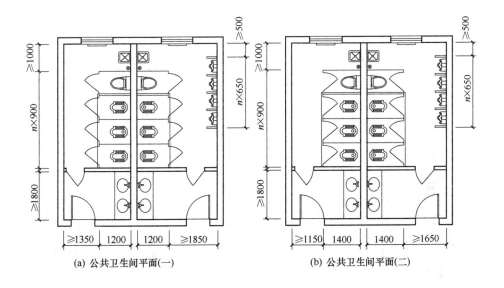

(a) 公共卫生间平面(一)　　　　　(b) 公共卫生间平面(二)

图 4-71

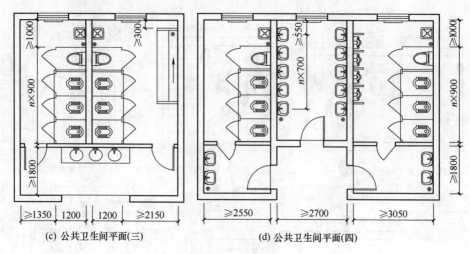

(c) 公共卫生间平面(三)　　　(d) 公共卫生间平面(四)

图 4-71　公共卫生间平面布置图

③ 公共淋浴室平面布置见图 4-72。

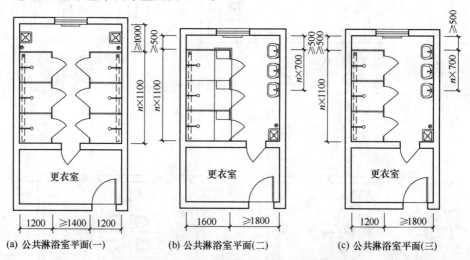

(a) 公共淋浴室平面(一)　　(b) 公共淋浴室平面(二)　　(c) 公共淋浴室平面(三)

图 4-72　公共淋浴室平面布置

④ 宾馆客房卫生间平面布置见图 4-73。

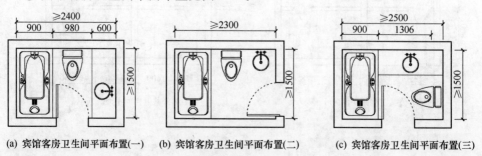

(a) 宾馆客房卫生间平面布置(一)　(b) 宾馆客房卫生间平面布置(二)　(c) 宾馆客房卫生间平面布置(三)

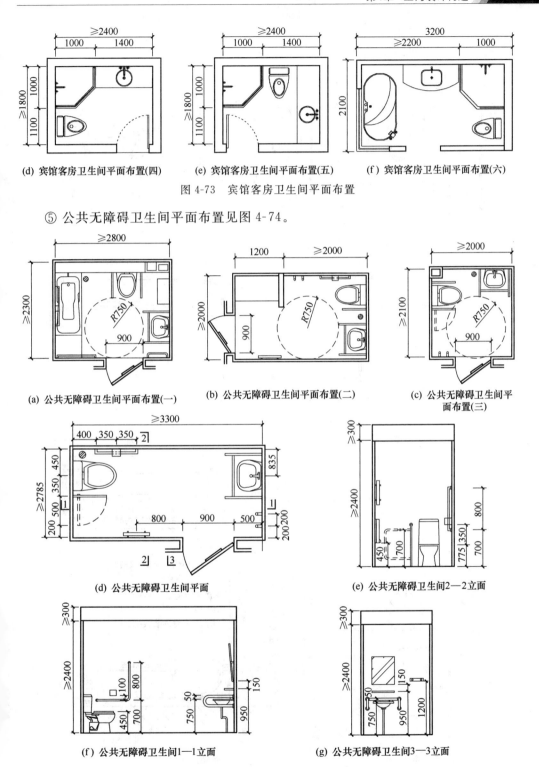

(d) 宾馆客房卫生间平面布置(四)　(e) 宾馆客房卫生间平面布置(五)　(f) 宾馆客房卫生间平面布置(六)

图 4-73　宾馆客房卫生间平面布置

⑤ 公共无障碍卫生间平面布置见图 4-74。

(a) 公共无障碍卫生间平面布置(一)　(b) 公共无障碍卫生间平面布置(二)　(c) 公共无障碍卫生间平面布置(三)

(d) 公共无障碍卫生间平面　　　　　(e) 公共无障碍卫生间2—2立面

(f) 公共无障碍卫生间1—1立面　　　(g) 公共无障碍卫生间3—3立面

图 4-74　公共无障碍卫生间平面布置

⑥ 蹲便器平立面见图 4-75。

⑦ 住宅卫生间设计详图见图 4-76～图 4-79。

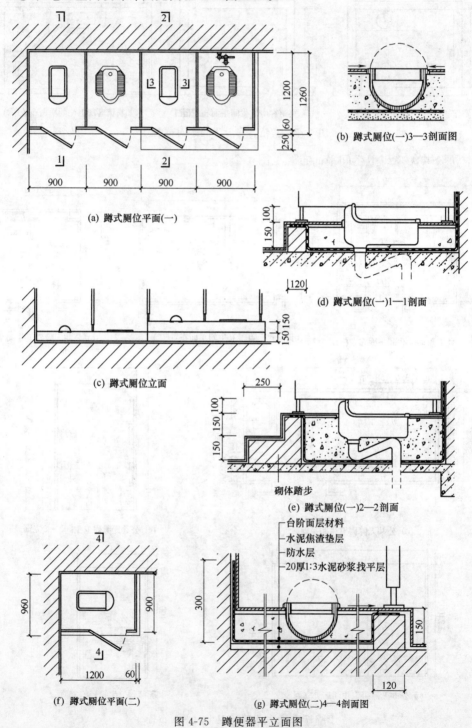

(a) 蹲式厕位平面(一)

(b) 蹲式厕位(一)3—3剖面图

(c) 蹲式厕位立面

(d) 蹲式厕位(一)1—1剖面

(e) 蹲式厕位(一)2—2剖面

砌体踏步

台阶面层材料
水泥焦渣垫层
防水层
20厚1:3水泥砂浆找平层

(f) 蹲式厕位平面(二)

(g) 蹲式厕位(二)4—4剖面图

图 4-75　蹲便器平立面图

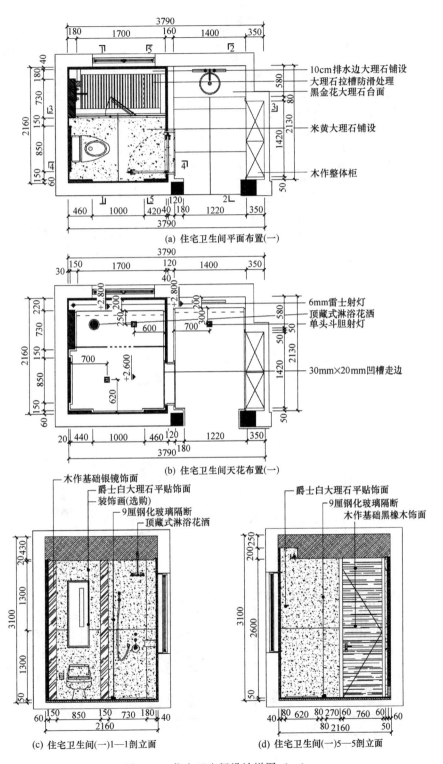

10cm排水边大理石铺设
大理石拉槽防滑处理
黑金花大理石台面

米黄大理石铺设

木作整体柜

(a) 住宅卫生间平面布置(一)

6mm雷士射灯
顶藏式淋浴花洒
单头斗胆射灯

30mm×20mm凹槽走边

(b) 住宅卫生间天花布置(一)

木作基础银镜饰面
爵士白大理石平贴饰面
装饰画(选购)
9厘钢化玻璃隔断
顶藏式淋浴花洒

爵士白大理石平贴饰面
9厘钢化玻璃隔断
木作基础黑橡木饰面

(c) 住宅卫生间(一)1—1剖立面   (d) 住宅卫生间(一)5—5剖立面

图 4-76　住宅卫生间设计详图（一）

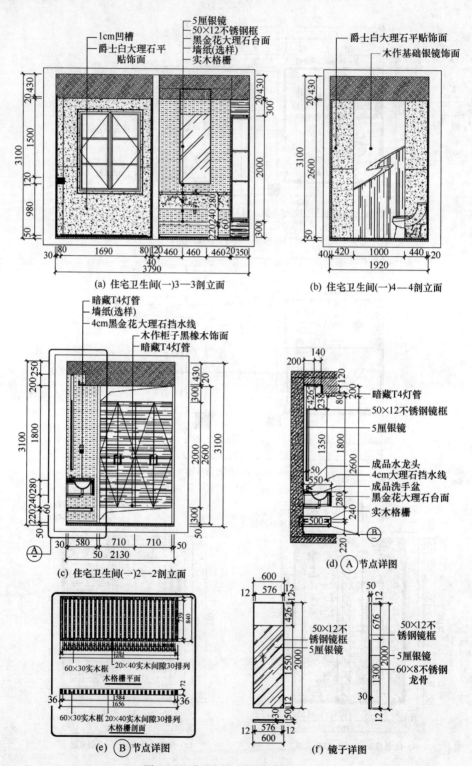

(a) 住宅卫生间(一)3—3剖立面

(b) 住宅卫生间(一)4—4剖立面

(c) 住宅卫生间(一)2—2剖立面

(d) A 节点详图

(e) B 节点详图

(f) 镜子详图

图 4-77　住宅卫生间设计详图（二）

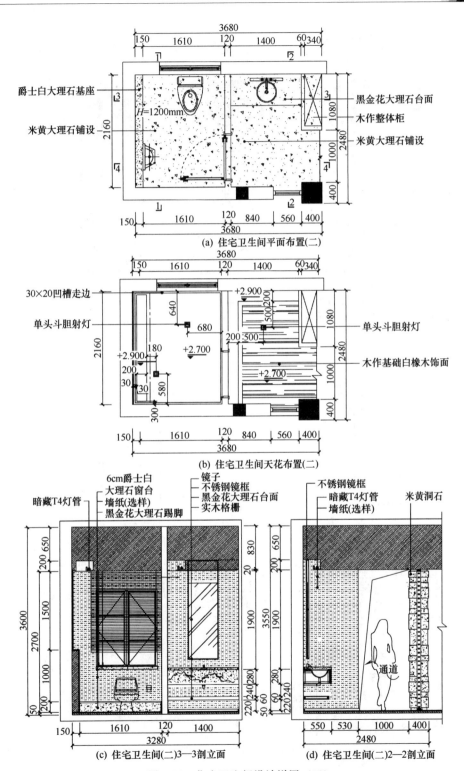

爵士白大理石基座

米黄大理石铺设

黑金花大理石台面
木作整体柜

米黄大理石铺设

$H=1200mm$

(a) 住宅卫生间平面布置(二)

30×20凹槽走边

单头斗胆射灯

单头斗胆射灯

木作基础白橡木饰面

(b) 住宅卫生间天花布置(二)

暗藏T4灯管

6cm爵士白
大理石窗台
墙纸(选样)
黑金花大理石踢脚

镜子
不锈钢镜框
黑金花大理石台面
实木格栅

不锈钢镜框
暗藏T4灯管
墙纸(选样)

米黄洞石

通道

(c) 住宅卫生间(二)3—3剖立面

(d) 住宅卫生间(二)2—2剖立面

图 4-78 住宅卫生间设计详图（三）

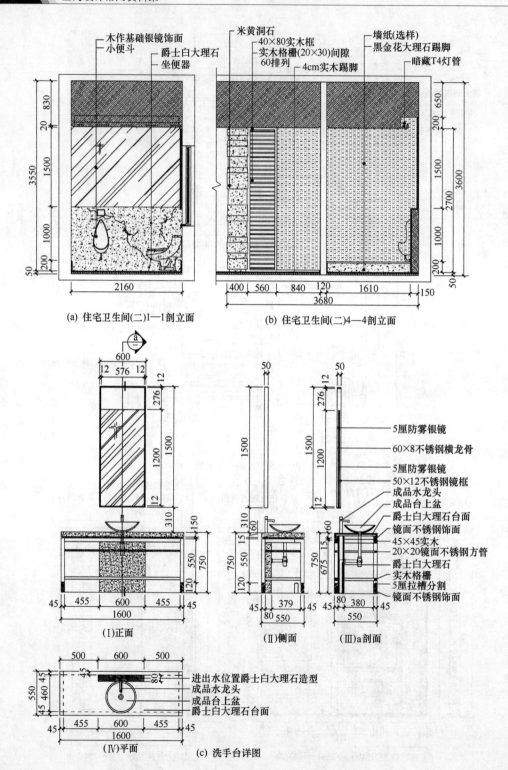

(a) 住宅卫生间(二)1—1剖立面

(b) 住宅卫生间(二)4—4剖立面

(I)正面

(II)侧面

(III)a剖面

(IV)平面

(c) 洗手台详图

图 4-79 住宅卫生间设计详图（四）

4.7 家具装饰装修构造

（1）家具制作的基本要求

家具的构造与家具的制作有关，家具制作的基本要求包括家具的材料选用和家具制作工艺。

家具材料选用的要求如下。

① 人造板选用要求：所有家具的饰面人造板、贴面胶合板应采用甲醛释放限量为 E1 或 E0 级的人造板。其中，为 I 类民用建筑工程中制作的家具，其基层板必须采用甲醛释放限量为 E1 或 E0 级的人造板，而为 II 类民用建筑工程中制作的家具，其基层板建议采用甲醛释放限量 E1 或 E0 级的人造板，也可采用 E2 级的人造板。另外，基层板的含水率应控制在工程所在地木材含水率年平均值 ±1.5% 的范围内（选用的木材含水率应不大于 1.4%）。

② 装饰单板（木皮）厚度的选用要求：通常情况下单板的厚度应大于 0.5mm，特殊情况下不得小于 0.3mm。

③ 胶合材选用的中密度纤维板，应符合 GB/T 11718 中规定的要求，其密度不低于 $0.68g/cm^3$。

④ 胶合材选用的胶合板，应符合 GB/T 9846.1~8 中规定的 II 类胶合板要求。

⑤ 胶合材选用的细木工板，应符合 GB/T 5849 中规定的要求。

⑥ 在胶黏剂的选用中，必须选用《室内装饰装修材料胶黏剂中有害物质限量》（GB 18583—2008）合格的产品。

⑦ 在溶剂型木器涂料选用中，必须选用《室内装饰装修材料溶剂型木器涂料中有害物质限量》（GB 18581—2001）合格的产品，包装应有 3C 认证标志。因此，推荐选用环境标志产品《室内装饰装修用溶剂型木器涂料》（HJ/T 414—2007）。

⑧ 玻璃选用要求：玻璃质量应符合相关品种玻璃的国家及行业标准的规定。玻璃应根据功能要求选取适当品种、颜色，宜采用安全玻璃。

⑨ 五金件、附件、紧固件选用规定：五金件、附件、紧固件应满足功能要求，符合相关品种的国家及行业标准的要求。

（2）收纳物品类家具的尺寸要求

收纳物品类家具的尺寸如图 4-80 所示。

① 书柜尺寸：宽 600~900mm，深 300~400mm，高 1100~2200mm。文件柜尺寸见表 4-4。

表 4-4　文件柜尺寸　　　　　　　　　　　　　　　　　　　　单位：mm

宽	深	高	层间净高
450~1050	400~450	①370~400 ②700~1100 ③1800~2200	≥330

② 衣柜存储空间尺寸主要以存储物品需要的尺寸为依据。存储物品尺寸如图 4-81 所示，衣柜内部空间尺寸见表 4-5。

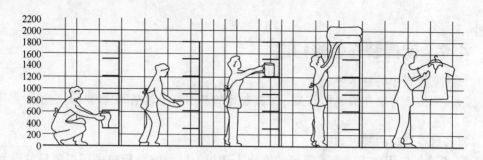

图 4-80　柜内高度尺寸

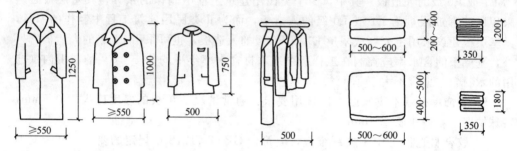

图 4-81　存储物品尺寸

表 4-5　衣柜内部空间尺寸　　　　　　　单位：mm

柜体空间		衣通上沿至柜顶板内表面间距离	衣通上沿至柜底板内表面间距离		抽屉空间
挂衣空间深度或宽	折叠衣服放置空间深		适于挂长外衣	适于挂短外衣	深度≥400，顶层抽屉面上沿离地面≤1150，底层抽屉下沿离地面≥50
≥530	≥450	≥40	≥1400	≥900	

（3）厨房类家具尺寸要求

厨房类家具操作尺寸要求如图 4-82 所示。厨房家具尺寸见表 4-6。

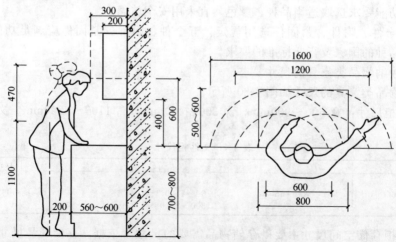

图 4-82　橱柜高度、深度及操作面尺寸（单位：mm）

表 4-6　厨房家具尺寸　　　　　　　　　　　　单位：mm

项目 \ 家具部位	操作台顶面高	操作台底座高度	地面至吊柜顶面高	高柜与吊柜顶面高	操作台、低柜、高柜深度	吊柜深度	各分体柜宽度
尺寸	800～900	100	≥1500	1900～2200	450～600	150～400	300～1100
尺寸级差	50	100	100	100	50	50	100

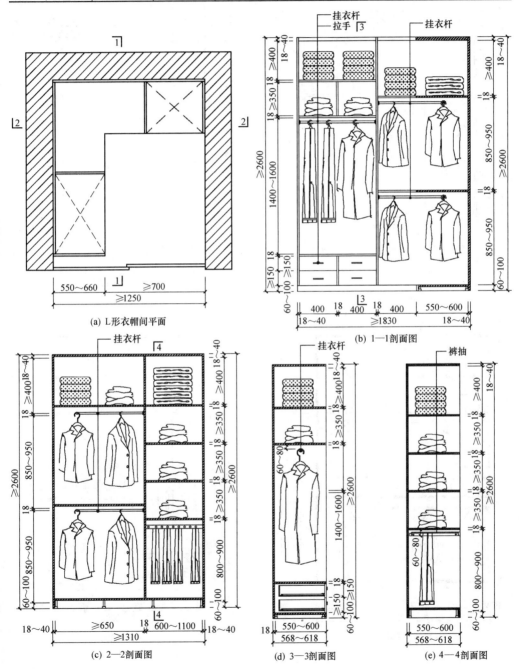

(a) L形衣帽间平面

(b) 1—1剖面图

(c) 2—2剖面图

(d) 3—3剖面图

(e) 4—4剖面图

图 4-83　L形衣帽间

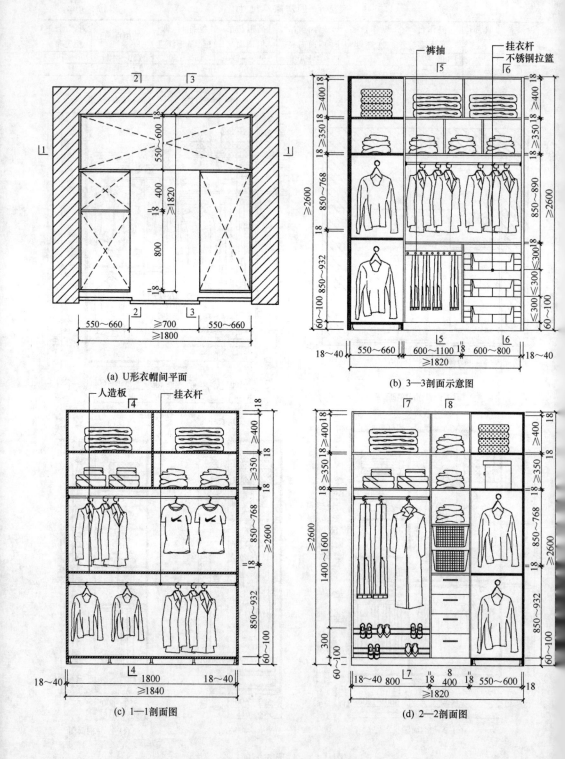

(a) U形衣帽间平面

(b) 3—3剖面示意图

(c) 1—1剖面图

(d) 2—2剖面图

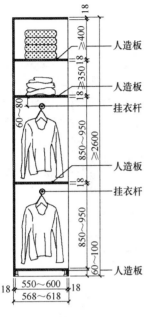

(e) 4—4剖面图

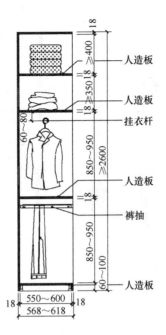

(f) 5—5剖面图

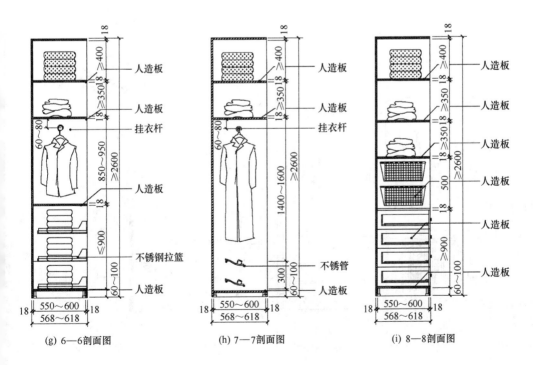

(g) 6—6剖面图　　　　(h) 7—7剖面图　　　　(i) 8—8剖面图

图 4-84　U形衣帽间

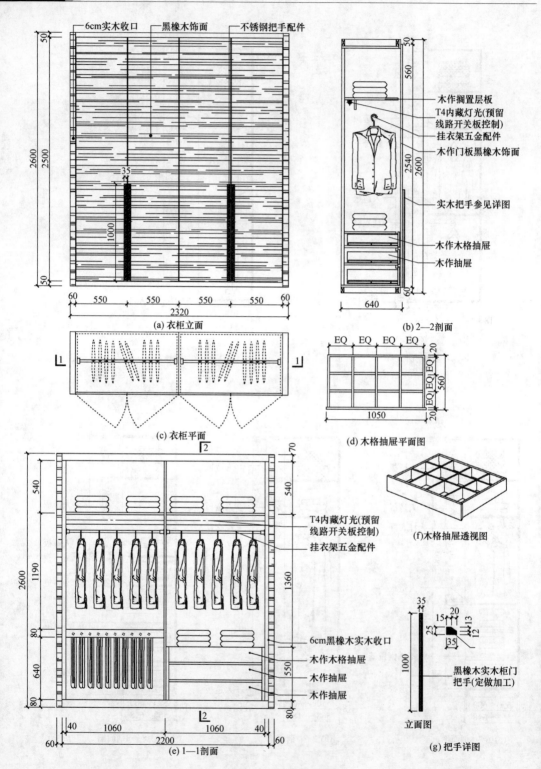

图 4-85　衣柜构造图

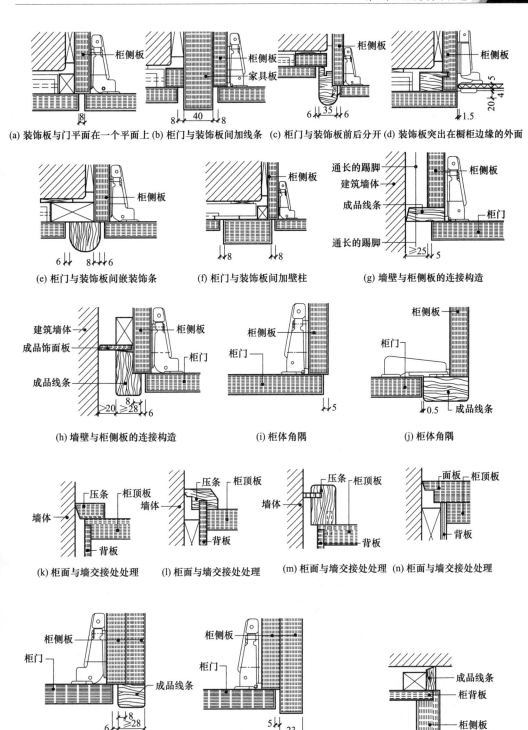

(a) 装饰板与门平面在一个平面上 (b) 柜门与装饰板间加线条 (c) 柜门与装饰板前后分开 (d) 装饰板突出在橱柜边缘的外面

(e) 柜门与装饰板间嵌装饰条　　　(f) 柜门与装饰板间加壁柱　　　　(g) 墙壁与柜侧板的连接构造

(h) 墙壁与柜侧板的连接构造　　　　(i) 柜体角隅　　　　　(j) 柜体角隅

(k) 柜面与墙交接处处理　　(l) 柜面与墙交接处处理　　(m) 柜面与墙交接处处理 (n) 柜面与墙交接处处理

(o) 柜体角隅　　　　　　(p) 柜体角隅　　　　　　(q) 墙壁与柜背板的连接构造

图 4-86　柜子连接件结构

（4）衣帽间

① L 形衣帽间见图 4-83。

② U 形衣帽间见图 4-84。

（5）衣柜

衣柜构造见图 4-85。

（6）柜子连接件

柜子连接件结构见图 4-86。

第**5**章
室内软装饰设计

5.1 家具设计

家具作为人们生活、工作必不可少的用具，必须满足人们生活的使用需要，还要满足人们一定的审美要求。在软装设计中，家具的地位至关重要，室内设计风格基本是由家具主导的，因此，本节主要是从家具外观特点与家具陈设来分析。

5.1.1 家具外观特点

（1）欧式古典风格家具外观特点

欧洲古典家具风格主要包括意大利风格、法式风格和西班牙风格。其主要特点是延续了17～19世纪皇室、贵族家具特点，讲究手工精细的裁切、雕刻及镶工，在线条、比例的设计上也能充分展现丰富的艺术气息，浪漫华贵，精益求精。如图5-1所示。

图 5-1　欧式古典风格家具

（2）美式风格家具外观特点

美式风格家具指由欧洲家具风格结合美国的风俗、生活习惯、艺术文化而演变出的新家具流派，它特别强调舒适、气派、实用和多功能。油漆以单一色为主，表面精心涂饰和雕刻，涂饰上采取做旧处理，材料主要采用胡桃木、枫木、樱桃木及松木为主。如图5-2所示。

图 5-2　美式风格家具

（3）后现代风格家具外观特点

后现代风格是现代主义的继续和超越，以时尚、奢华、唯美为主打，摒弃了传统欧式风格的繁琐，融入了更多的现代简约与时尚元素，渲染出家居的温馨与奢华。如图 5-3 所示。

图 5-3　后现代风格家具

（4）现代风格家具外观特点

现代风格强调功能性设计，线条简约流畅，色彩对比强烈，大量使用钢化玻璃、不锈钢等新型材料作为辅材，能给人带来前卫、不受拘束的感觉。如图 5-4 所示。

图 5-4　现代风格家具

（5）中式家具外观特点

中式家具主要分为中式古典家具和中式新古典家具。中式古典家具最有影响力的是明清家具。明式家具主要看线条和柔美的感觉，清式家具主要看做工。两者都讲究左右对称及与室内环境和谐搭配。传统中式家具以硬木为材质，如鸡翅木、黄花梨、紫檀、非洲酸枝、沉香木等珍稀名贵木材。如图5-5所示。

图 5-5　中式家具

（6）地中海风格家具外观特点

地中海风格家具色彩绚烂，饱和度高。蓝、白、黄、蓝紫、绿、土黄及红褐色这些是比较典型的地中海颜色搭配。如图5-6所示。

图 5-6　地中海风格家具

（7）北欧风格家具外观特点

北欧风格家具主要指欧洲北部四国即丹麦、瑞典、挪威、芬兰的家具风格。家具强调简单结构与舒适功能的完美结合，即便是设计一把椅子，不但要追求它的造型美，更注重人体工程学，讲究它的曲线如何与人体接触完美地吻合在一起。另外一个特点是黑白色，材料主要为上等枫木、橡木、云杉、松木和白桦。如图5-7所示。

图 5-7　北欧风格家具

5.1.2　家具陈设

家具的实用性最重要，直接决定了人们能否生活得舒适自在，精挑细选的家具、认真仔细考虑过的摆放位置和方式能提高居住者的生活品质，不科学的选择与陈设会在很大程度上降低人们生活的舒适感。

（1）现代简约风格居室家具陈设

现代简约风格不仅注重居室的实用性，而且还体现出了工业化社会生活的精致与个性，符合现代人的生活品位。由于线条简单、装饰元素少，现代风格家具需要完美的软装配合，才能显示出美感。简约不等于简单，它是经过深思熟虑后经过创新得出的设计和思路的延展，不是简单的堆砌和平淡的摆放，不像有些设计师理解的粗浅的"直白"，比如床头背景设计有些简约到只有一个十字挂件，但是它凝结着设计师的独具匠心，既美观又实用。如图 5-8 所示。

图 5-8　现代简约风格家具陈设

（2）中式风格居室家具陈设

　　中式风格的家居设计，是在室内布置、线形、色调以及家具、陈设的造型等方面，吸取传统装饰"形""神"的特征，以传统文化内涵为设计元素，革除传统家具的弊端，去掉多余的雕刻，糅合现代西式家居的舒适，根据不同户型的居室，采取不同的布置。如图 5-9 所示。

图 5-9　中式风格家具陈设

　　（3）地中海风格居室家具陈设

　　客厅清雅、大气中渗透出丝丝异国韵味，墙上的挂件和桌上的摆件均透出地中海风格在本案的运用，餐厅配以古朴的吊灯、木质悬梁，使用餐空间宽敞而独立，如图 5-10 所示。

图 5-10　地中海风格家具陈设

　　（4）美式乡村风格居室家具陈设

　　美式乡村风格，格调清婉惬意，外观雅致休闲，色彩多以淡雅的板岩和古董白居多，随意涂鸦的花卉图案为主流特色，线条随意但干净、干练。如图 5-11 所示。

　　（5）简欧风格居室家具陈设

　　图 5-12 所示为简欧风格居室家具陈设案例。

图 5-11　美式乡村风格家具陈设

图 5-12　简欧风格家具陈设

5.2　布艺设计

室内布艺是指以布为主要材料，经过艺术加工，达到一定艺术效果与使用条件，满足人们生活需求的纺织品。室内布艺包括窗帘、地毯、枕套、床罩、椅垫、靠垫、沙发套、台布等。

5.2.1　窗帘布艺创意

（1）窗帘杆

窗帘杆可以分成两大类：明杆和暗杆。

① 明杆。明杆就是可以看到杆子颜色和装饰头（俗称花头）造型的窗帘杆。它分为端头、支架、杆身等几部分，造型风格各异，有的杆头还可以更换，与不同的面

料搭配，可以营造出不同的风格效果。窗帘杆两端的装饰头由铜、铝合金、不锈钢、塑料、木材等材料制成。明杆尺寸测量如图 5-13 所示。明杆具体形式见图 5-14 和图 5-15。

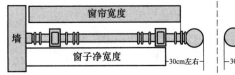

●一边靠墙建议靠墙的一边配封口，另外一边配装饰头，配装饰头这边增加30cm左右的长度。

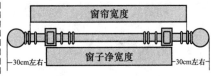

●只装窗户，在窗户宽度基础上一边留出30cm左右，比如窗户宽180cm，建议定制杆+头总长240cm。

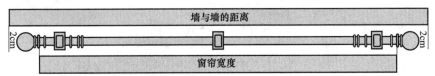

●整面墙装在墙距基础上一端留2cm间隙，比如客厅整面墙380cm，建议定制杆+头总长376cm。

图 5-13　明杆尺寸

注：以上测量均是含端头的尺寸

图 5-14　铝合金罗马杆纳米静音单双杆

　② 暗杆。暗杆与明杆相反，有直轨、弯曲轨、伸缩轨等，主要用于带窗帘箱的窗户，如图 5-16 所示。常用的直轨有：重型轨、塑料纳米轨、低噪声轨等。

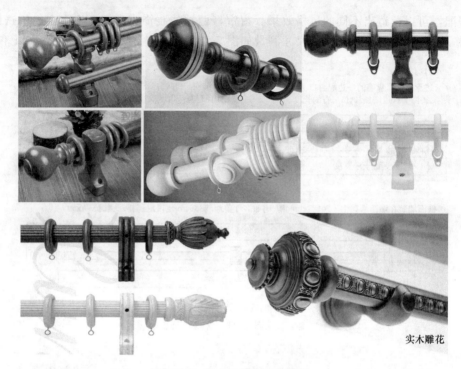

实木雕花

图 5-15　实木纳米静音单双杆

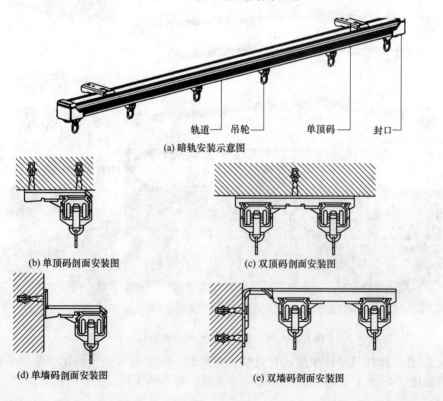

轨道　吊轮　　单顶码　　封口

(a) 暗轨安装示意图

(b) 单顶码剖面安装图　　　　　(c) 双顶码剖面安装图

(d) 单墙码剖面安装图　　　　　(e) 双墙码剖面安装图

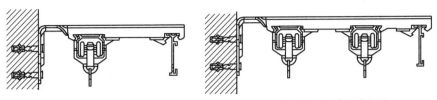

(f) 带魔术贴双墙码剖面安装图　　　　　(g) 带魔术贴三墙码剖面安装图

图 5-16　暗轨及安装示意图

（2）窗帘

窗帘可分为成品帘和布艺帘两大类。

① 成品帘。根据其外形及功能不同可分为：百叶帘（图 5-17），折帘、卷帘垂直

(a) (内装测量图解)　　(b) (外装测量图解)　　(c) 木质垂叶帘

(d) 木质横叶帘　　　　(e) 应用效果

宽布带款式　　梯绳款式

(f) 亮光铝合金百叶帘　　　　(g) 亚光铝合金百叶帘

图 5-17　百叶帘

帘（图 5-18），遮阳帘和电动帘。百叶帘一般分为木百叶、铝百叶、竹百叶等。卷帘收放自如，有人造纤维卷帘、木质卷帘、竹质卷帘。其中人造纤维卷帘以特殊工艺编织而成的，可以过滤强日光辐射，改造室内光线品质，有防静电、防火等功效。折帘有百叶帘、日夜帘、蜂房帘、百折帘。其中蜂房帘有隔音效果，日夜帘可在透光与不透光之间任意选择。垂直帘有铝质帘及人造纤维帘等。

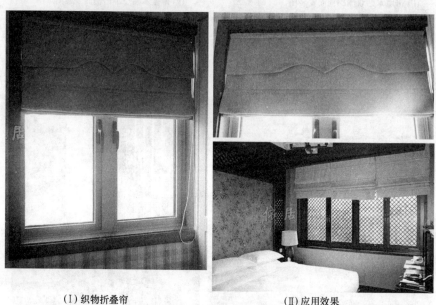

(Ⅰ) 织物折叠帘　　　　　　(Ⅱ) 应用效果

(a) 折叠式窗帘

(Ⅰ) 遮光面料卷帘　　　　　　(Ⅱ) 应用效果

(b) 卷帘

图 5-18　折叠帘与卷帘

② 布艺帘。布艺窗帘的组成：主帘（主布和配纱）、上幔、轨道、挂钩、挂球、花边绑带等。

a. 布艺窗帘的质地种类及特点如下。

Ⅰ. 主布。窗帘布按面料成分分为纯棉、麻、涤纶、真丝，也可有几种原料混织而成的混合面料；棉质面料质地柔软、手感好，较适合东方风格居室。麻质面料垂感好，肌理感强，较适合田园风格居室；真丝面料高贵、华丽，由 100％ 天然蚕丝构成，适合古典风格居室；涤纶面料挺括、色泽鲜明、不褪色、不缩水，是目前最受欢迎的窗帘。现在市场上还有棉麻、涤棉、涤丝、仿真丝等混纺面料，由于环保系数较高、手感柔垂、洗涤方便、不变形、不褪色等优点，因而使用面较广泛。按工艺不同可分为：印花布、染色布、色织布、提花布等。

Ⅱ. 配纱。与窗帘布相伴的配纱不仅给居室增添柔和、温馨、浪漫的氛围，而且具有采光柔和、透气通风的特性，它可调节心情，给人一种若隐若现的朦胧感。窗纱的面料可分为：涤纶、仿真丝、麻或混纺织物等。根据其工艺可分为：印花、绣花、提花等。窗纱基本以 280cm 门幅为主。

b. 窗帘基本类型如下。

Ⅰ. 窗箱造型：适合所有窗型和风格需要，有窗帘箱配套，采用直轨安装，无幔或配设一体幔，配件包括扣饰、绑带、挂钩、挂球等，适合所有室内设计风格。

Ⅱ. 罗马杆造型：门窗两边留墙垛，离吊顶有一定距离，穿幔挂帘和拼贴幔，配件包括绑带、挂钩、挂球等，适合地中海、美式、简欧风格。

Ⅲ. 幔箱造型：装饰床幔是比较常见的装饰手法，一般采用不可动的独立幔，配件包含绑带、挂钩、挂球等适合地中海、美式、欧式风格。

Ⅳ. 窗帘的款式：垂幔、波浪、平拉、挽结、半悬式和上下开启式等。

（3）窗帘的设计风格

① 简欧风格窗帘。它是目前最欢迎的设计风格，摒弃了古典欧式窗帘的繁复构造，甚至已经不再有幔帘装饰，而采用罗马支撑，多层次布帘设计还是保留了欧式风格的华贵质感。如图 5-19 所示。

| (a) 样式一 | (b) 样式二 | (c) 样式三 | (d) 样式四 |

图 5-19　简欧风格窗帘

② 中式风格窗帘。选一些丝质材料制作，讲究对称和方圆原则。在款式上采用布百叶的窗帘设计是对中式风格的最佳诠释，对于落地窗帘则以纯色布料的简单褶皱设计为主。如图 5-20 所示。

③ 田园风格窗帘。美式田园、英式田园、韩式田园、法式田园、中式田园均拥

(a) 样式一　　　　　(b) 样式二　　　　　(c) 样式三

图 5-20　中式风格窗帘

有共同的窗帘特点，即由自然色和图案布料构成窗帘的主体，而款式以简约为主。如图 5-21 所示。

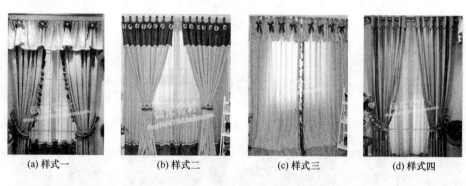

(a) 样式一　　　　(b) 样式二　　　　(c) 样式三　　　　(d) 样式四

图 5-21　田园风格窗帘

④ 地中海风格。窗帘冷色调面料的窗帘设计应该是地中海风格的最佳诠释，比如各种蓝色对地中海明媚阳光的调和，让人仿佛置身在大海的怀抱中，整个空间变得柔软起来，心也随之平静下来。如图 5-22 所示。

⑤ 现代风格窗帘。线条造型简洁，而且往往可以运用许多新颖的面料，色彩方面以纯粹的黑、白、灰和原色为主，或者采用各种抽象艺术图案为题材。如图 5-23 所示。

（4）窗帘设计的基本原则

① 窗帘设计的统一性。具体表现为：不同材质质感，但图案类似统一；不同图案，但颜色统一；图案和颜色均不同，但质地类似统一。

② 窗帘协调性。窗帘的主色调应与室内主色调协调；各种设计风格均有适合的花色布艺进行协调搭配；选择条纹的窗帘，走向要与室内风格走向协调一致，避免给人在室内空间有减缩感。

③ 窗帘设计的功能性。保护隐私；柔化光线功能；改善声音环境功能。

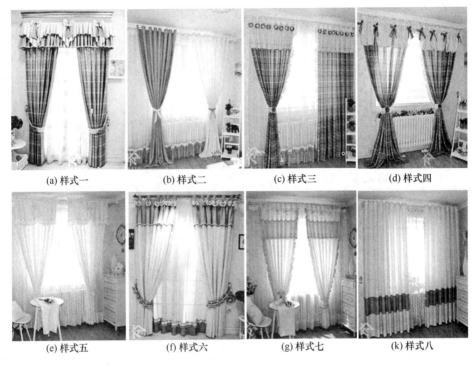

(a) 样式一　　　　(b) 样式二　　　　(c) 样式三　　　　(d) 样式四

(e) 样式五　　　　(f) 样式六　　　　(g) 样式七　　　　(k) 样式八

图 5-22　地中海风格

(a) 样式一　　　　　　　　　　(b) 样式二

图 5-23　现代风格窗帘

5.2.2　靠枕

靠枕是室内不可缺少的织物制品，它使用舒适并具有其他物品不可替代的装饰作用。用靠枕来调节人体与座位、床位的接触点以获得更舒适的角度来减轻疲劳。因靠枕使用方便、灵活，便于人们用于各种场合环境，尤为卧室的床上、沙发上被广泛采用。在地毯上，还可以利用靠枕来当作坐椅。

靠枕的装饰作用较为突出，通过靠枕的色彩及质料与周围环境的对比，能使室内家具所陈设的艺术效果更加丰富多彩，靠枕会活跃和调节卧室的环境气氛。常见的造型是方形与圆形，此外还有三角形、心形、多角形、圆柱形、椭圆形、仿动物形等。如图 5-24 所示。

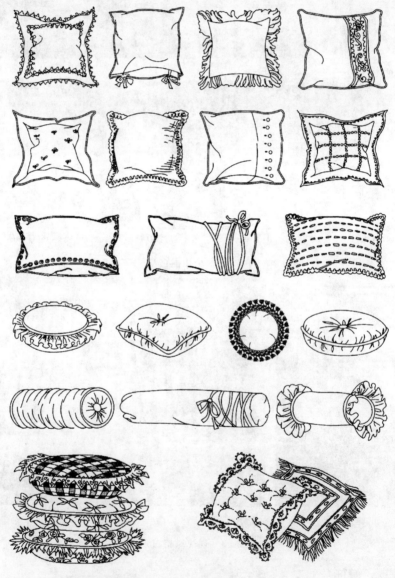

图 5-24　靠枕

5.2.3　地毯

地毯（地毡）是一种纺织物，铺放于地上，有美化家居、保温等功能。种类有纯羊毛地毯、混纺地毯、化纤地毯、塑料地毯、真丝地毯。

　　地毯颜色的选择，除考虑室内装饰的需要外，还应考虑居室所在地域的自然环境。可根据室内环境选择蓝色、深绿、红色、黄褐色等，这些颜色不易沾污，易于清扫；带花纹图案的地毯能使房间显得高雅舒适；素色地毯在室内可起到衬托家具的作用。

　　地毯铺设的范围可以满铺也可只铺地面的一部分。最讲究的地面装饰是满铺地毯，有温暖感，清理方便，能使居室显得较为宽敞；对于光滑的地面，小块地毯可以使人觉得舒适。在卧室中的床前放一块精美的小块地毯或在床尾的一角铺一块红色的圆形地毯，可增添温馨舒适的气氛。在客厅中大块空间地方放一块方形地毯，地毯中央及边缘有特殊的图案，且不会被四周的家具压住，从而保持图案的完整性，可以显得豪华与典雅。在卫生间中安放小块地毯可以增加舒适和安全感，不过地毯要有耐水与防滑的性能，一般都选用橡胶底的化纤地毯。家庭门厅入口或卫生间门外铺一块长方形地毯可供进出房间时擦拭鞋底尘土和水珠。客厅的沙发区可铺放一块地毯，注意要铺到坐席前，使坐在沙发或椅子上的客人能双脚自然地踩着地毯，还要注意地毯面积要比沙发区域的面积略为大些。在餐桌底下放上地毯，大小应使桌边的椅子取出以后都能放在地毯上。如图 5-25 所示。

图 5-25　地毯样式

5.2.4　床品

床是卧室布置的主角，床上布艺在卧室的氛围营造方面具有不可替代的作用。

（1）床品的选择

房间不大，选用色调自然的条纹布制作床品，可达到延伸卧室空间效果；床品的花色与色彩要遵从窗帘和地毯的系统，色彩要有一定的呼应。

（2）床品风格特点

① 中式风格床品。面料种类繁多、图案复杂、内容抽象，以显示其庄严隆重，而且有内涵，色调多以深色为主，尤其是红、绿、紫等色彩，衬托出浓烈的节日气氛和喜庆日子的幸福、快乐、祥和，表达人们对美好未来的憧憬。如图 5-26 所示。

图 5-26　中式风格床品

② 现代风格床品。造型简洁，以简洁纯粹的黑、白、灰和原色的色彩为主，不强调复杂工艺和图案设计，只是一种简单的回归。如图 5-27 所示。

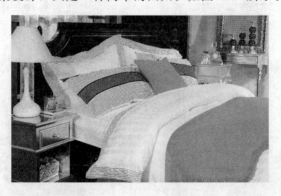

图 5-27　现代风格床品

③ 田园风格床品。同窗帘一样，都由自然色和自然元素图案布料制作而成，而款式则以简约为主，尽量不要有过多的装饰。如图 5-28 所示。

图 5-28 田园风格床品

④ 地中海风格床品。清爽利落的色彩是地中海风格床品共同秉承的布艺原则。如图 5-29 所示。

图 5-29 地中海风格床品

⑤ 欧式风格床品。图案以简单的线条为主，色彩多为素色的自然色调，一般不拼幅，让人有轻松、潇洒自如和干净利落的感觉，满足人们回归自然的追求，虽然内容随意，但内涵丰富，意念清晰，体现欧美人自我、无拘束的性格特点。如图 5-30 所示。

图 5-30 欧式风格床品

5.3　绿化设计

5.3.1　室内绿化的主要功能

（1）净化空气、调节气候

夹竹桃、梧桐、棕榈、大叶黄杨等可吸收有害气体，松、柏、樟桉、臭椿、悬铃木等植物的分泌物具有杀灭细菌作用，从而能净化空气，减少空气中的含菌量，同时植物又能吸附大气中的尘埃从而使环境得以净化。植物的叶子吸热和水分蒸发可降低气温，在冬夏季可以相对调节温度，在冬季，绿化还可造成富氧空间。

（2）组织空间、引导空间

利用绿化陈设空间，可以起到分隔、联系引导空间作用，并能沟通、规划、填充空间界面。若用花艺分隔空间，可使各个空间在独立中见统一，达到似隔非隔，相互融合的效果。

（3）柔化空间、增添生气

树木花卉以其千娇百媚的姿态，给居室注入了生机勃勃的生命，使室内空间变得更加温馨自然，它们不但柔化了金属、玻璃等组成的室内休息空间，而且还把家具和室内陈设有机地联系和凝聚起来。

（4）抒发情感、营造氛围

室内绿化和花艺陈设可以反映出主人的品位，比如室内绿化装饰的主题材料为竹，则表现的是主人谦虚谨慎、高风亮节的品格；以松为主题材料，则表现了主人坚强不屈、不怕风雪严寒的品质；以洁白兰花为主题，则表现主人格调高雅、超凡脱俗的性格；以梅花为主题材料，则表现主人不畏严寒、纯洁高尚的品格。

（5）美化环境、陶冶情操

绿色植物经过光合作用可以吸收二氧化碳，释放氧气，在室内合理摆设，能营造出仿佛置身于大自然之中的感觉，可以起到放松精神、陶冶情操、净化心灵、缓解生活压力、调节家庭氛围、维系心理健康的作用。

5.3.2　室内绿化宜忌

（1）居室空间绿化和养花"三宜"

① 宜养吸毒能力强的花卉。腊梅、石榴、常青藤、铁树、菊花、金橘、半支莲、月季花、山茶、石榴、米兰、雏菊、万寿菊等能有效地清除二氧化硫、氯、乙醚、乙烯、一氧化碳、过氧化氮等有害物。如紫茉莉、菊花、虎耳草等能将氮氧化物转化为植物细胞中的蛋白质；吊兰、芦荟、虎尾兰、仙人掌能大量吸收室内甲醛等污染物质，消除并防止室内空气污染。

② 宜养能分泌杀菌素的花卉。茉莉、金银花、牵牛花等花卉分泌出来的杀菌素

能够杀死空气中的某些细菌，抑制白喉、结核、痢疾病原体和伤寒病菌的发生，保持室内空气洁净卫生。

③ 宜养有"互补"功能的花卉。大多数花卉白天主要进行光合作用，吸收二氧化碳，释放出氧气。夜间进行呼吸作用，吸收氧气，释放二氧化碳。仙人掌类则恰好相反，白天吸收氧气，释放二氧化碳，夜间则吸收二氧化碳，释放出氧气，使室内空气中的负离子浓度增加。虎皮兰、虎尾兰、龙舌兰以及褐毛掌、伽蓝菜、景天、落地生根、栽培凤梨等植物也能在夜间净化空气。

(2) 居室绿化和养花"三忌"

① 忌多养散发浓郁香味和刺激性气味的花卉。兰花、玫瑰、月季、百合花、夜来香等都能散地出浓郁的香气。一盆在室，芳香四溢，但室内如果摆放香型花卉过多，香味过浓，则会促使人的神经产生兴奋，特别是人在卧室内长时间闻之，会引起失眠。圣诞花、万年青散发的气体对人体不利；郁金香、洋绣球散发的微粒接触过久皮肤会过敏、发痒。

② 忌摆放数量过多。夜间大多数花卉会释放二氧化碳，吸收氧气，与人"争气"。而夜间居室大多封闭，空气与外界不够流通。假如室内摆放花卉过多，会减少夜间室内氧气的浓度，影响夜晚睡眠质量，引发胸闷、频发噩梦等。

③ 忌摆放有毒性的花卉。滴水观音、万年青、龟背竹和绿萝等，这些植物是净化空气的好帮手，但是汁液有毒，入口或入眼都会疼痛，有烧灼感；夹竹桃在春、夏、秋三季其茎、叶、皮、花都有毒，它分泌的乳白色汁液含有一种夹竹桃苷，误食会中毒；水仙花的鳞茎中含有拉丁可毒素，小孩误食后会引起呕吐等症状，叶和花的汁液会使皮肤红肿，若汁液误入眼中，会使眼睛受伤；含羞草接触过多会易引起眉毛稀疏、毛发变黄，严重时会引起毛发脱落等。

5.3.3 家居绿化和花艺布置原则

家居绿化陈设主要包含玄关、客厅、卧室、餐厅、书房、厨卫、过道以及阳台等空间。设计师在进行家居绿化陈列设计时需要遵循在不同的空间中进行合理、科学的"陈列与搭配"，目的是打造一种温馨幸福的生活氛围。每个家居空间的绿化技巧创意等方面进行主题设计的基本原则有如下几点。

① 从空间"局部—整体—局部"角度出发对室内家居进行空间结构规划。

② 针对家居的整体风格及色系进行花艺的色彩陈列与搭配。

③ 必须懂得运用绿化设计的技巧将家居花艺的细节贯穿室内设计保持整体家居陈设的统一协调。

④ 要进行主题创意使花艺与陶瓷、布艺、地毯、壁画家具拥有连贯性，在美化家居环境的同时提升家居陈设质量。

5.3.4 室内绿化布置技巧

(1) 玄关

玄关摆放植物，绿化室内环境，增加生气，令吉者更吉，凶者反凶为吉，因此摆放的植物占有重要的作用。但是必须注意的是，摆在玄关的植物，宜以赏叶的常绿植物为主，例如铁树、发财树、黄金葛及赏叶榕等。而有刺的植物如仙人掌类及玫瑰、杜鹃等切勿放在玄关处。

（2）客厅

作为会客、家庭小聚的场所，适宜陈列色彩较大方的插花，摆放位置应该在视角较明显区域，可表现主人的持重与好客，使客人有宾至如归的感觉，这是家庭和睦温馨的一种象征，如果是在夏季，也可以陈列清雅的花艺作品，给人增添无比的凉意。

（3）卧室

具体需视居住者不同情况而定。中老年人的卧室以色彩淡雅为主，赏心悦目的插花可使中老年人心情愉快；年轻人尤其是新婚夫妇的卧室不适合色彩艳丽的插花，而淡色的一簇花可象征心无杂念、纯洁永恒的爱情。

（4）书房

插花点到为止，应有书卷气，所以装饰不宜华丽、雕琢，当追求一种清雅、自然的品位。一般在书柜上放置花草，如常青藤、珠兰等，也可放半悬崖式的盆栽和盆景。书桌上摆置的植物宜小巧雅致，一般靠墙壁摆放，也可设矮架放置，既不影响案头工作，又可调节书房气氛，提神醒脑，如富贵竹，可以给主人带来富贵吉祥，事业顺心，非常适宜摆放在书房内。常年绿色类植物大叶万年青、巴西木、棕竹、富贵树、阔叶橡胶等，叶茂茎粗，拔易活，看上去总是生机勃勃，气势雄壮，它们可以调节气氛，起到增强环境气场的效果，令室内健康祥和。山茶花、小桂花、紫薇花、石榴、凤眼莲、小叶黄杨等可以缓慢地吸收环境中对人体有害的气体。书房不宜摆放藤类植物，如鹿角蕨等。

（5）厨房与餐厅

油、烟、蒸汽都是植物的大忌。但是，在厨房采用植物美化又是人们所追求的。通常，可用勤换的方法来减少厨房对植物的不利影响。可在食品柜、酒柜、冰箱上摆设清新悦目的小型盆栽，或在餐桌上放置一盆盛开的鲜花，都能收到很好的效果。

（6）卫生间

浴室的湿度高，最适合蕨类的生长，各式各样的蕨类如铁线蕨、肾蕨等，可以使人沐浴时更能松弛一天紧张的情绪。也可以将花盆悬挂在镜框线上，形成立体美化的效果。若设置搁板，摆上一组盆花，空间能得到更好的利用。

（7）走廊

走廊是室内过道，由于大多不具备日照，需选择耐阴力强的小型盆栽，如万年青、兰花、天竺葵等。也可制成网状绿篱，缀上藤蔓植物，颇有奇趣。用木板箱盛放泥土，种上植物，靠墙安置，也是很流行的方法。

总之，室内绿化要根据季节合理利用花期，选择花卉盆栽品种，既达到四时花似锦，又能常换品种，增加新鲜感和观赏兴趣，收到美化生活的理想效果。各种绿植见图 5-31 和图 5-32。

5.3.5 家居风格与绿植搭配

在室内陈设中，经常采用不同形状的绿色植物进行陈设。针对中式、欧式、地中海式、田园式、现代简约风格等不同的居室风格，绿植装饰有着不同的色彩设计，花材选择、器皿搭配和空间陈列与之相称。

（1）中式风格

崇尚庄重和优雅，讲究对称美。配色清新淡雅，宁静雅致的氛围适合摆放古人喻之为"君子"的高尚植物元素，如兰草、青竹等。中式观赏植物注重"观其叶，赏其形"，适宜在家里放置附土盆栽。在屏风隔断处摆上一盆老树盘根的金弹子树桩头，或是在玄关处放置一处寒梅，体现中国数千年的传统艺术，营造出一种淡雅的文化氛围，都能将中式风格挥洒到极致。中国人讲求方正、平稳，叶片宽大的龟背竹、发财树正好体现这种气韵。植物推荐：发财树、金弹子、龟背竹、君子兰。

（2）欧式风格

欧式风格追求高雅的奢华感，这种华美的空间，比起中式气质的植物观叶，欧式风格更注重赏花盆载，室内置花也以水养插花为主，选择古铜花瓶，配插几枝百合、蔷薇、玫瑰、非洲菊等用清水换养。

（3）地中海风格

地中海风格的家居非常注意绿化，藤蔓类植物是常选，小巧可爱的绿色盆栽也常使用。因此这个风格的花艺应该多取材于大自然并且大胆而自由地运用色彩样式。向日葵、小石子、瓷砖贝类、玻璃珠等素材都可加入花艺设计这才是表达地中海风格纯美和浪漫情怀的法宝。植物推荐：薰衣草、风信子、矢车菊、香豌豆花。

（4）田园风格

美式乡村风格的色彩基调一般以自然色系为主，绿色、土褐色较为常见，体现自然、怀旧，并散发着质朴气息。花艺和植物往往是客厅的点睛之笔。放置绿萝、散尾葵等常绿植物，就能显现出自然舒适的意象，而小空间则常用野花盆栽，小麦草、仙人掌等植物。田园风格表现为质朴的内饰和一种轻松的、非正式的居室氛围，是一种很生活化的乡野风格，这种风格较多采用小碎花及绚烂的花艺来打造低调而奢华的英伦风。

（5）现代简约风格

现代简约风格的家居设计以简洁明快为主要特点，同时张扬个性，色彩和造型运用很大胆，是家居界的"百搭"风格，绿色植物的选择也没有那么多条条框框。线条简单呈几何图形的花器是花艺设计造型的首选。色彩以单一色系为主，可高明度、高彩度不能太夸张，银、白、灰都是好的色彩选择。简约风格适合一些瘦高的细叶植物，这样会给居室增添艺术的气息。植物推荐：散尾葵、巴西木、吊兰、铁线蕨。

棕榈竹

香龙血树

箭叶芋

美叶光萼荷

喜林芋

番红花

鹤望兰

虎尾兰

君子兰

金桔

石斛

图 5-31　绿植（一）

万年青

花叶芋

白穗花

广东万年青

富贵竹

马蹄莲

吊兰

大岩桐

吊金钱

马齿苋

大红金鱼花

图 5-32　绿植（二）

5.4　照明设计

5.4.1　灯具风格

（1）中式风格的灯具

中式风格在造型上讲究对称、色彩上讲究对比、材料上以木材为主，图案多以龙、凤、龟、狮、京剧脸谱等元素为主，强调体现古典和传统文化。与这类空间配合的灯具要具有质朴的中式设计风格。

中式风格灯具选材使用镂空或雕刻的材料，颜色以红、黑、黄为主，按造型及图案可分为纯中式和现代中式两种。

纯中式灯具造型上富有古典气息，一般用材比较古朴；特点是讲究传统、层次以及讲究意境，如图 5-33 所示。

图 5-33　纯中式风格灯具

现代中式灯具则只是在部分装饰上采用了中式元素，而运用现代新材料制作，这种也很常见。如图 5-34 所示。

图 5-34　现代中式风格灯具

（2）欧式风格的灯具

注重线条、造型的雕饰，以金色为主要颜色，以体现雍容华贵、富丽堂皇之感，是欧式风格灯特点。部分欧式灯具还会以人造铁锈、深色烤漆等故意制造一种古旧的效果，在视觉上给人以古典的感觉。如图 5-35 所示。

（3）现代风格的灯具

现代风格的灯具充满时尚和高雅的气息，返璞归真；色彩上以白色、金属色居

图 5-35　欧式风格灯具

多，有时也色彩斑斓，总体上色调温馨典雅。材质采用金属质感的铁材、铝材、皮质、另类玻璃等。如图 5-36 所示。

图 5-36　现代风格灯具

（4）美式风格的灯具

美式风格的灯具风格和造型上相对简约，外观简洁大方更注重休闲和舒适感；材质上一般选择比较考究的树脂、铁艺、焊锡、铜、水晶等，选材多样；光源线条明朗、造型典雅、灯光较为柔和。如图 5-37 所示。

图 5-37　美式风格灯具

（5）地中海风格的灯具

地中海风格的灯具设计表现海洋世界的空旷宁静、自由的特点，善于捕捉光线，取材天然。素雅的小细花条纹格子图案是主要风格。蓝与白是典型的地中海颜色搭配。如图 5-38 所示。

图 5-38　地中海风格灯具

5.4.2　居室空间灯光色彩搭配

室内灯光色彩设计方面可以从健康原则、协调原则、功能原则三方面去考虑。

（1）健康原则

根据色彩对人的心理和生理的影响程度，需要具体掌握各种颜色的心理作用，蓝色可减缓心律、调节平衡，消除紧张情绪；红色则使人血压上升呼吸加快；米色、浅蓝有利于安静休息和睡眠，易消除疲劳；白色降低血压，心平气和；红橙、黄色能使人兴奋，振作精神。

（2）协调原则

灯光颜色要与房间大小相互协调，要体现层次感分清主次，房间狭小要选用乳白色、米色、天蓝色，再配以浅色窗帘，这样使房间显得宽阔。

（3）功能原则

① 客厅。为了烘托出一种友好、亲切的待客气氛，客厅一般采用鲜亮明快的灯光设计，但要注意颜色的深浅层次搭配。如图 5-39 所示。

图 5-39　客厅灯光色彩搭配

② 卧室。这个空间灯光不要太亮太耀眼，浅鹅黄色能给人以温暖、亲切、活泼之感，能营造温馨的就寝环境。如图 5-40 所示。

图 5-40　卧室灯光色彩搭配

③ 书房。若书房的家具台面以栗色和褐色为主，采用活泼、明快的黄色暖光，能调和出清爽淡雅的视觉氛围，可以振奋精神，提高学习效率，有利于消除和减轻眼睛疲劳。如图 5-41 所示。

图 5-41　书房灯光色彩搭配

④ 餐厅。刺激食欲和营造浪漫是餐厅灯光设计的重要任务，一般采用浪漫的黄色、橙色等暖色灯光。如图 5-42 所示。

⑤ 厨房。厨房的灯光设计要明亮实用，色彩不要复杂，选用隐蔽式荧光灯来为厨房的工作台面提供照明。如图 5-43 所示。

⑥ 卫生间。若是复古质感的墙、地砖，宜选择温暖、柔和的灯光，在多层次灯光作用下，可以带来古典的美感。如图 5-44 所示。

5.4.3　顶棚照明设计案例

① 住宅空间照明设计案例如图 5-45～图 5-48 所示。

图 5-42 餐厅灯光色彩搭配

图 5-43 厨房灯光色彩搭配

图 5-44 卫生间灯光色彩搭配

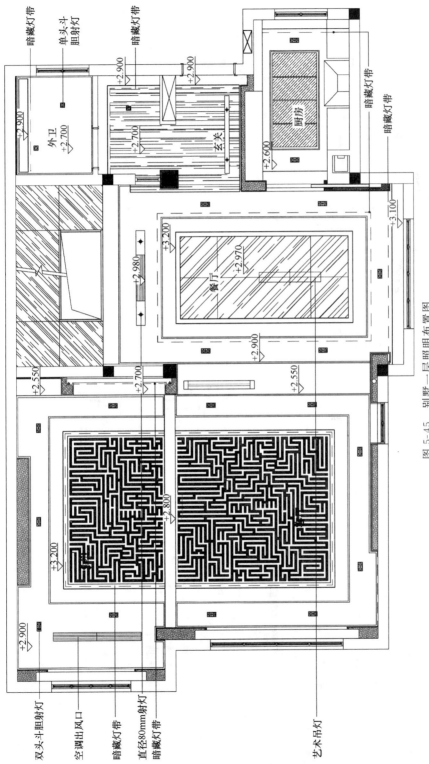

图 5-45 别墅一层照明布置图

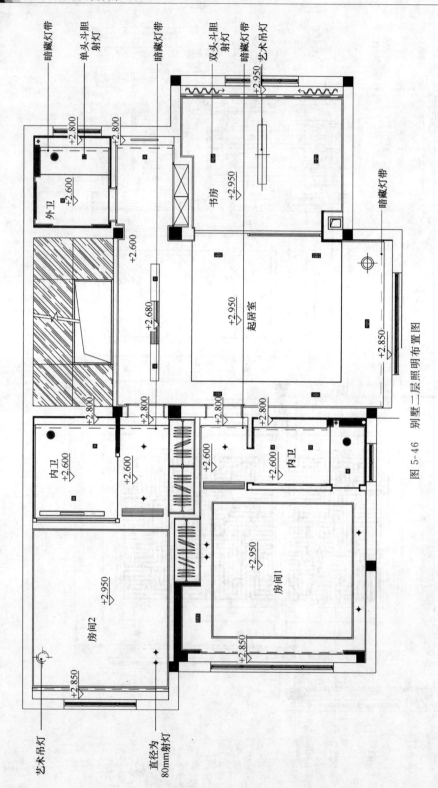

图 5-46 别墅二层照明布置图

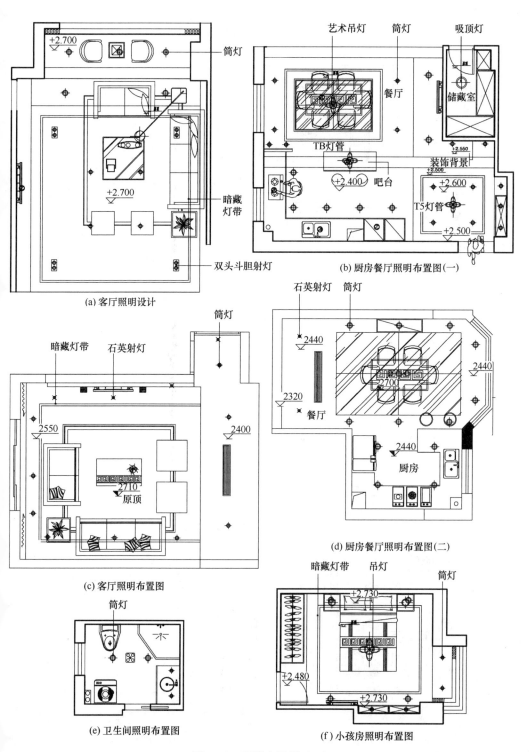

+2.700
筒灯
+2.700
暗藏灯带
双头斗胆射灯

(a) 客厅照明设计

艺术吊灯 筒灯 吸顶灯
餐厅
储藏室
TB灯管
+2.550
装饰背景
+2.500
+2.400 吧台
+2.600
T5灯管
+2.500

(b) 厨房餐厅照明布置图(一)

暗藏灯带 石英射灯 筒灯
2550
2400
2710
原顶

(c) 客厅照明布置图

石英射灯 筒灯
2440
2320
2440
2700
餐厅
2440
厨房

(d) 厨房餐厅照明布置图(二)

筒灯

(e) 卫生间照明布置图

暗藏灯带 吊灯 筒灯
+2.730
+2.480
+2.730

(f) 小孩房照明布置图

图 5-47　照明布置图（一）

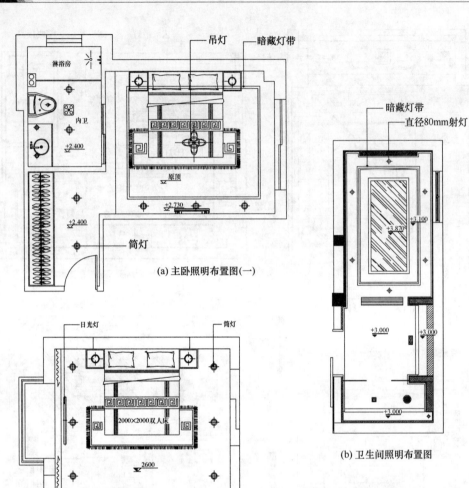

吊灯　暗藏灯带

筒灯

(a) 主卧照明布置图(一)

暗藏灯带
直径80mm射灯

(b) 卫生间照明布置图

日光灯　筒灯

2000×2000双人床

(c) 主卧照明布置图(二)

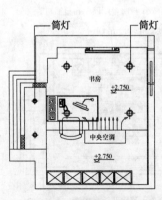

筒灯　筒灯

书房

(d) 书房照明布置图(一)

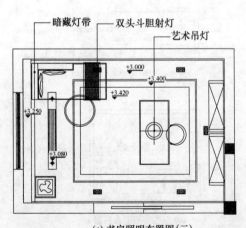

暗藏灯带　双头斗胆射灯
艺术吊灯

(e) 书房照明布置图(二)

图 5-48　照明布置图（二）

② 公共空间照明设计案例如图 5-49～图 5-54 所示。

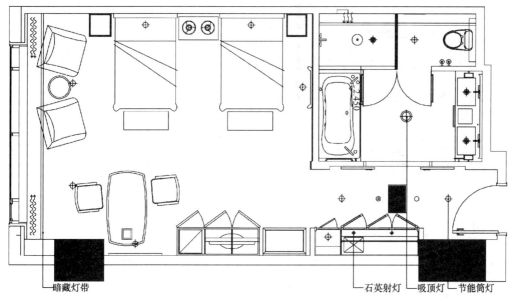

暗藏灯带　　　　　　　　　　　　　　　石英射灯　吸顶灯　节能筒灯

图 5-49　标准双人房照明布置图

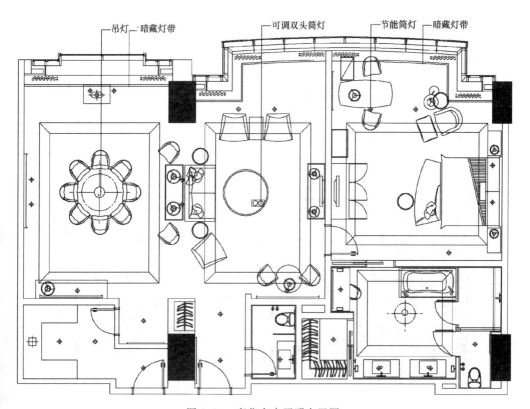

吊灯 暗藏灯带　　　　　　可调双头筒灯　　　节能筒灯　暗藏灯带

图 5-50　豪华套房照明布置图

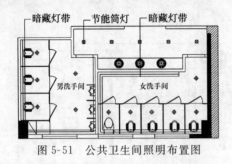

图 5-51　公共卫生间照明布置图

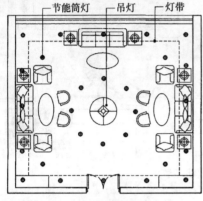

图 5-52　接待室照明布置图

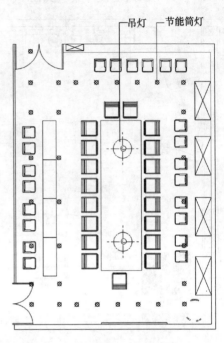

图 5-53　会议室照明布置图

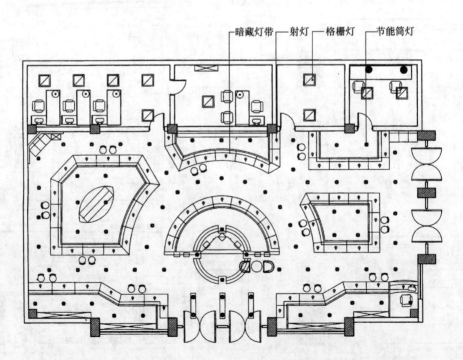

图 5-54　珠宝店照明布置图

5.5 艺术品设计

5.5.1 中国画

（1）中国画分类

按题材分类：人物画、山水画、花鸟画、民俗画。如图 5-55 所示。

(a) 人物画

(c) 花鸟画

(d) 民俗画

(b) 山水画

图 5-55 中国画

按使用材料和表现方法分类：写意画、工笔画。

（2）中国画的基本形式

① 手卷。手卷字画通过下加圆木作轴，把字画卷在轴外的方式，装裱成条幅便于收藏。短的有四五尺，长的可达至几十米。

② 中堂。中堂是中国书画装裱样式中立轴形制的一种，是随着古代厅堂建筑的发展演变逐渐形成的较大尺寸的画幅，因主要悬挂于厅堂而称为"中堂"。中堂形制的书画作品不仅幅面阔，而且显得格外高大，纵和横的比例为 2.5：1 或者 3：1，甚至达到 4：1。

③ 扇面。扇面画是将绘画作品绘制于扇面上的一种中国画门类，集实用性和艺术性为一体，既渲染文学和书画作品又极具实用性。从形制上分为折扇和团扇。

中国画形式如图 5-56 所示。

5.5.2 西方绘画

（1）西方绘画种类

① 素描。有光影素描、结构素描、白描和速写，主要用单色的线条和块面来对

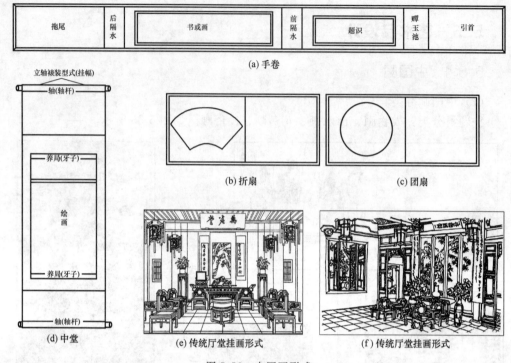

图 5-56 中国画形式

物像进行描绘的绘画形式，采用极为简练的线条来重点刻画出事物的神态、形态和动作特征。

② 油画。它是以易于调和的油剂（亚麻仁油、罂粟油、核桃油等）来调和颜料，在亚麻布纸、纸板或木板上进行创制的一个画种。

③ 水彩画。它是用水稀释的如亚克力、透明水彩液和水彩铅笔等材料创作而成的画作叫水彩画。题材有建筑、风景、静物和人物等。

④ 版画。它是使用刀或者化学药物在木板、石板、麻胶、铜和锌等材质上进行雕刻然后将其印刷出来所形成的图画被称为版画。版画按照使用材料可以分为木版画、铜版画、石版画和丝网版画等；按照颜色可以分为单色版画、黑白版画和套色版画等；按照制作方法可分为凸版、凹版、孔版、平版和综合版等种类。

⑤ 壁画。壁画指直接绘制或把画好的画布绷制在建筑物的天花板或墙壁上的图画。西方绘画如图 5-57 所示。

（2）油画的风格选配

① 色彩上的搭配。要和室内的墙面、家具陈设有呼应，不显得孤立。若是深沉稳重的家具式样，就要选与之协调的古朴素雅的画；若是明亮简洁的家具和装修，最好选择活泼、温馨、前卫、抽象类的画。

② 画面质量。尽量选择手绘油画，现在市场有印刷填色的仿真油画，时间长了会氧化变色。一般从画面的笔触就能分辨出，手绘油画的画面有明显的凹凸感，而印

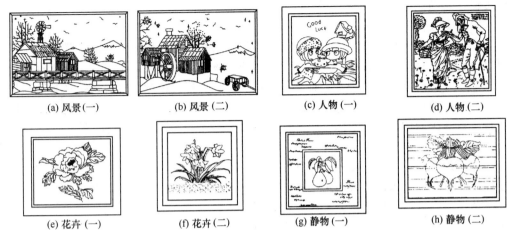

(a) 风景(一)　　　　(b) 风景(二)　　　　(c) 人物(一)　　　　(d) 人物(二)

(e) 花卉(一)　　　　(f) 花卉(二)　　　　(g) 静物(一)　　　　(h) 静物(二)

图 5-57　西方绘画

刷的画面平滑，只是局部用油画颜料填色。

　　③ 风格搭配。偏现代风格的装修适合配现代感强的油画会使房间充满活力，可选无外框油画；后现代等前卫时尚的装修风格则特别适合搭配现代抽象题材的装饰油画，也可选用个性十足的装饰油画，如抽象化了的个人形象海报油画等；偏中式风格的最好选择中国题材油画、风景油画或者以花鸟鱼为主题的油画。因为这些油画多数带有强烈的传统民俗色彩，和中式装修风格十分契合；欧式和古典的居室选择写实风格的油画，如人物肖像，风景等。油画最好加浮雕外框，显得富丽堂皇，雍容华贵。

　　油画挂画形式如图 5-58 所示。

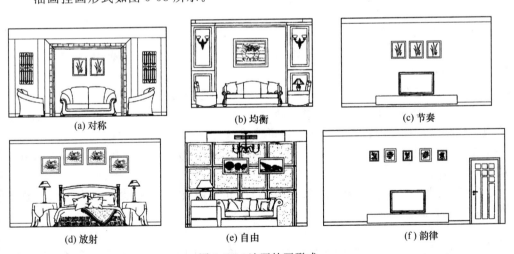

(a) 对称　　　　　　(b) 均衡　　　　　　(c) 节奏

(d) 放射　　　　　　(e) 自由　　　　　　(f) 韵律

图 5-58　油画挂画形式

5.5.3　居室画品陈设

家居画品陈设主要包含玄关、客厅、餐厅、卧室、书房、儿童房、卫生间、过道及楼梯等空间。

（1）玄关、门厅

玄关、门厅这些地方虽不大却能给客人进屋后留下重要的第一印象，其配画应注意以下几点：首先，选择格调高雅的抽象画或静物插花装饰画，来展示主人优雅高贵气质，或采用门神等画来预示某种愿望；其次，从中国传统理论来讲，选择利于和气生财、和谐的挂画；再次，该空间间距不大，建议画品以精致小巧为宜，挂画高度以平视视点在画的中心或底边向上 1/3 处。

（2）客厅

客厅是家居主要活动场所，客厅配画要求稳重、大气，从中国传统理论来讲，客厅摆设会影响到主人的各种运势，所以客厅配画需要非常注意各种因素的把握。

从风格来说，中国古典装修以风景、花卉题材画作为主，挂一些卷轴、条幅类的中国书法作品、水墨绘画；欧洲古典主义风格或简欧风格，则挂一些各种材料画框的油画、水粉水彩画；现代简约挂以现代题材为主的风景、人物、花卉或抽象画。

根据主人的爱好，选择一些特殊题材的画，如喜欢游历的人可挂一些名山大川、风景名胜的画；喜欢文艺的朋友可以挂一些书法、音乐、舞蹈题材有关的画。

画品尺寸有两组合（60cm×90cm×2）、三组合（60cm×60cm×3）和单幅（90cm×180cm）等形式。最适宜挂画的高度是画中心离地为 1.5m 左右。

（3）餐厅

餐厅是进餐场所，挂画的色彩和图案方面应选择清爽、恬静、柔和、新鲜的画面。

① 选画题材：人物、花卉、果蔬、插花、静物、自然风光等。

② 大小和数量：画品尺寸不宜太大，60cm×60cm、60cm×90cm 为宜，采用双数组合符合视觉审美规律。

③ 挂画高度：画的顶边高度在顶棚顶角线下 60～80cm，居餐桌中线为宜。

（4）卧室

该空间的装饰画要体现"卧"的情绪，强调舒适与美感的统一。

① 选画题材：显出温馨、浪漫、恬静的氛围，以暖色调为主，如一朵绽放的红玫瑰、朦胧画，唯美的古典人体等，也可选挂自己的肖像、结婚照。

② 画品尺寸：50cm×50cm、60cm×60cm 两组合或三组合，单幅 40cm×120cm 或 50cm×150cm。

③ 挂画高度：底边离床头靠背上方 15～30cm 处或顶边离顶部 30～40cm，也可在床尾挂单幅画。

（5）书房

为了显示出强烈而浓厚的文化气息，营造愉快的阅读氛围，画品应选择素淡、静谧、优雅的风格的书法、山水、风景画作来装饰，也可以选择主人喜欢的特殊题材。

（6）儿童房

该空间是小孩子充满幻想、快乐、无拘无束的天地。画作色彩选择要明快、亮丽。题材以动植物、漫画为主，配以卡通图案；尺寸比例不要太大，挂画尽量活泼、自由一些，可以多挂几幅，但不要挂得太过规则，要营造出一种轻松、活泼的儿童房该有的氛围。

（7）卫生间

该空间面积不大，但是很重要。挂画可以选择清新、休闲、时尚的画面，如花草、海景、人物等，尺寸不宜太大，也不要挂太多，点缀即可。

（8）过道及楼梯

该空间比较窄长，以三到四幅一组的组合油画或同类题材油画为宜，悬挂时可高低错落或顺势悬挂。复式楼梯或别墅楼梯拐角宜选用较大幅面的人物、花卉题材为宜。

5.5.4　工艺饰品

（1）中国陶瓷

中国陶瓷艺术以其独特的民族风格、精湛的陶瓷技艺，在国际上享有盛誉。品种丰富、形式多样的陶瓷艺术品有着强烈的民族风格，表现出浓厚的时代和地域特色。如图 5-59 所示。

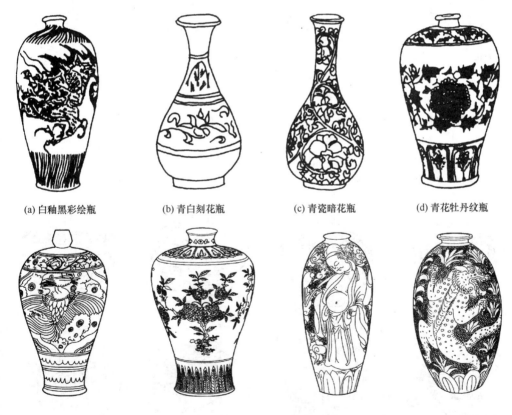

(a) 白釉黑彩绘瓶　　(b) 青白刻花瓶　　(c) 青瓷暗花瓶　　(d) 青花牡丹纹瓶

(e) 元铁绣花凤纹瓶　　(f) 青花釉里红花果纹瓶　　(g) 登封腰珍珠地醉汉图瓶　　(h) 登封刻窑虎纹瓶

图 5-59

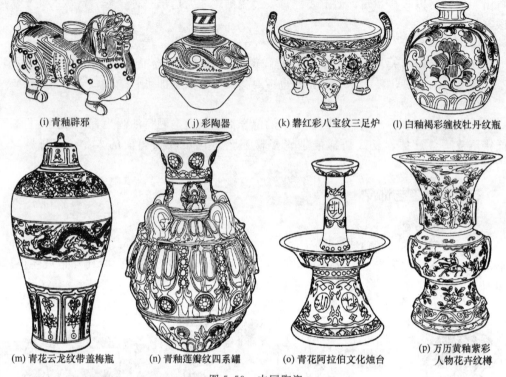

(i) 青釉辟邪　　(j) 彩陶器　　(k) 礬红彩八宝纹三足炉　　(l) 白釉褐彩缠枝牡丹纹瓶

(m) 青花云龙纹带盖梅瓶　　(n) 青釉莲瓣纹四系罐　　(o) 青花阿拉伯文化烛台　　(p) 万历黄釉紫彩
人物花卉纹樽

图 5-59　中国陶瓷

（2）中国青铜器

　　青铜器在中国古代艺术史上有着极其辉煌的地位，尤其是商周青铜艺术，更以其恢弘的气势、雄奇的造型、怪谲的纹饰和精湛的技艺，取得了独具特色的成就，也是中华民族先辈们勤劳与智慧的结晶。青铜器是中国收藏家、艺术家所珍爱的器物，是室内环境中最佳摆设品。如图 5-60 所示。

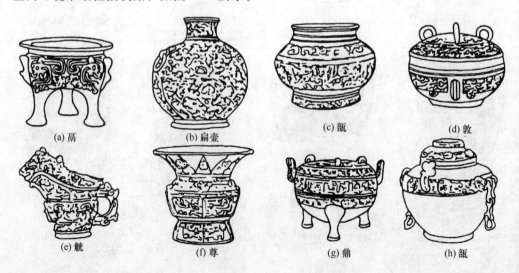

(a) 鬲　　(b) 扁壶　　(c) 瓿　　(d) 敦

(e) 觥　　(f) 尊　　(g) 鼎　　(h) 瓿

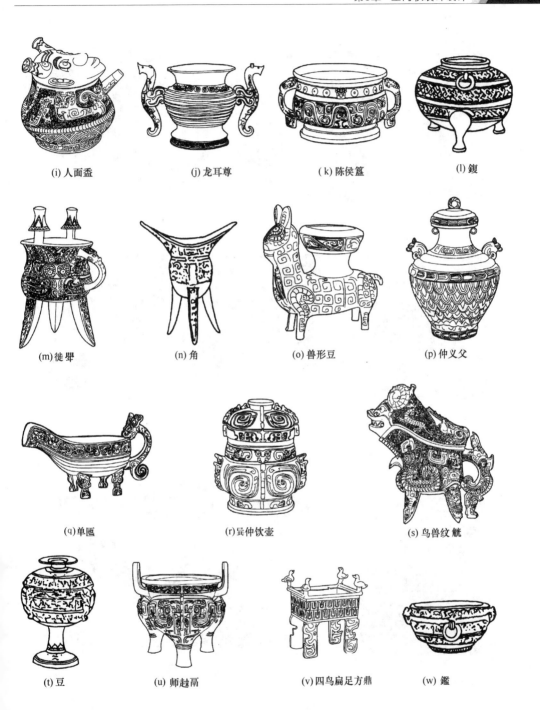

图 5-60　青铜器形式

（3）玻璃、水晶、琉璃、金属、木制等工艺品

玻璃、水晶、琉璃、金属、木制等工艺品如图 5-61 所示。

(a) 玻璃工艺品　　　　　　　　　　(b) 金属工艺品

(c) 水晶工艺品

(d) 琉璃工艺品　　　　　　　　　　(e) 木制工艺品

图 5-61　玻璃、金属、水晶、琉璃和木制工艺品

（4）其他类别工艺品

其他类别工艺品如图 5-62 所示。

(a) 烛台

(b) 工艺蜡烛（一）

(c) 工艺蜡烛（二）

图 5-62　其他类别工艺品

5.5.5　居室空间饰品选择

（1）现代风格居室

① 客厅。现代风格客厅家具以冷色或具有个性的颜色为主，选择饰品时，要遵循简约而不简单的原则。选用玻璃、金属等材质的饰品，花艺花器以单一色系或简洁线条为主。饰品示例如图 5-63 所示。

② 卧室。在饰品选择时，要遵循简约而不简单，宁缺毋滥的原则。黑白灰是现代简约风格里面常用的色调，不管采用哪种主色彩，都不得掺杂多余色彩。

图 5-63　现代风格居室饰品

③ 书房。在饰品选择上的特点是简洁、实用，数量上要求少而精。利用不同材质、同样色系的艺术品进行有机搭配，并在不同位置与灯光光影效果相结合产生富有时代感的意境美。

（2）新中式风格

① 客厅。饰品要符合主色调的基础，尽量将现代元素和传统元素相互结合在一起，以现代人的审美来打造传统韵味的"现代禅味"。饰品示例如图 5-64 所示。

图 5-64　新中式风格客厅饰品

② 卧室。在选配饰品时，要从传统的中国黄、蓝、黑和深咖色中选择主色彩，确定一种主色量调。不要过多采用中式传统的繁复形式进行装饰，利用中式风格里经常出现的回纹等元素进行点缀，这样可让卧室散发出古色古香的中式气氛。饰品示例如图 5-65 所示。

图 5-65　新中式风格卧室饰品

③ 书房。书柜内书的摆放要横、立结合。饰品的选择上注意材质不要过多、颜色也不要太多。文房四宝、瓷器、画卷、书法；盆景选用松柏、铁树等矮小、短枝、常绿、不易凋谢的植物和带有中式元素的花、鸟、鱼、虫、龙、凤、龟、狮等图案摆件，这些深具文化韵味和独特风格的饰品最能体现中国传统家居文化的独特魅力。饰品示例如图 5-66 所示。

图 5-66　新中式风格书房饰品

（3）新古典主义风格

① 客厅。饰品要选择符合硬装和家具主基调的饰品，将浪漫的古典情怀与现代人的精神需求相结合。如动物皮毛、白钢、古罗马卷草纹样等饰品都是不错的选择。饰品示例如图 5-67 所示。

图 5-67　新古典主义风格客厅饰品

　　② 卧室。选择饰品时要保留饰品的传统历史痕迹与文化底蕴，保留饰品的传统材质和色彩的大致风格，尽量采用简单元素。

　　③ 书房。书房饰品要具备古典和现代双重审美效果，采用简约风格的不锈钢花瓣烛台、不锈钢包边的彩贝相框或是略带欧式风格的玻璃及水晶器皿。产品材质注重古典风格与现代工业技术相结合，如水晶台灯、PU 的休闲椅等。饰品示例如图 5-68 所示。

图 5-68　新古典主义风格书房饰品

　　（4）美式风格

　　① 客厅。在装修上偏爱各种仿古墙地砖、石材，在摆件上选择仿古做旧的艺术品。饰品示例如图 5-69 所示。

　　② 卧室。美式风格的主要特点是自由、随意、休闲、浪漫和多元化，选择饰品时要重视自然元素与欧罗巴的贵气、奢侈结合；实木类家具有深厚文化和贵气感与小碎花床品、深色的木质画框能显示出美式空间的纯正风格。

　　③ 书房。在颜色和主题上，美式书房饰品以采用自然色和自然主题为主，强调"回归自然"的特性，美式风格营造一种淡雅、休闲、小资的氛围，在饰品数量上宜多不宜少，空闲的位置要用饰品进行充实。饰品陈列上要注意摆放层次，重在营造历史的沉淀和厚重感；如落地的大叶植物与精致的桌面小盆景搭配，小烛台和半亩台灯

图 5-69　美式风格客厅饰品（一）

图 5-70　美式风格书房饰品（二）

搭配。饰品示例如图 5-70 所示。

5.6　色彩设计

5.6.1　色彩基础

（1）色彩本质

色彩是通过光反射到人的眼中而产生的视觉感，不仅使人产生冷暖、轻重、远近、明暗的感觉，而且会引起人们的诸多联想。色彩分为无彩色和有彩色两大类。无色彩的色叫无彩色即白、灰、黑等；无彩色以外的一切色叫有彩色，如红、黄、蓝、紫等。这些基本色通过色相、明度、纯度的变化，可以配出成千上万种人们喜欢的色彩，并且给人们带来了不同的视觉感受和心理的感受，见表5-1。

表 5-1　色彩对人产生的影响

色	具体联想	色彩正能量	色彩负能量
红	血、火、太阳、玫瑰	靓丽、热情、兴奋、勇气、活力、高贵、热烈	紧迫、危险、愤怒、炎热
橙	橘子、稻谷、太阳	时尚、运动、欢乐、青春、幸福、高贵、温暖	固执、吵闹、冲动、嫉妒、炎热
黄	柠檬、香蕉、向日葵、阳光	心情舒畅、幸福、轻松、明亮、温暖、快乐、希望	提高警觉
绿	大自然、森林、草原、树叶、蔬菜	活力、健康、大度、生机、清爽、新鲜、年轻、和平、充实	怀疑、消极、腐败、嫉妒、有毒
蓝	海洋、水、天空、宇宙	认真、理智、平静、严格、严肃	严肃、孤立、犹豫、苛刻、消极
紫	葡萄、紫罗兰、紫水晶	浪漫、高贵、气质、灵性	忧郁、犹豫
白	白云、雪、牛奶、兔子	纯洁、天真、朴素、干净、圣洁	葬礼、冷酷、哀怜
黑	黑夜、乌鸦、墨	神秘、厚重	邪恶、死亡、绝望、恐怖、不安
灰	乌云、草木灰、树皮、阴天	平凡、中立、谦逊、温和	平凡、失意、中庸、沉默、阴冷、绝望

（2）色彩三属性

色彩三属性即色相、明度、纯度。

① 色相。色相是指红、黄、蓝等的有彩色具有的属性，是颜色的种类名称，因此无彩色没有色相。

② 明度。明度是指色彩的明亮程度，表达在室内空间陈设上可以表现为物件的亮度和深浅程度；明度最高的色是白色，最低的色是黑色。

③ 纯度。纯度是指色彩的纯净度，也有饱和度之称，比如地中海风格和东南亚风格中经常说到的高饱和度色彩。纯度高的色彩可以给人华丽的感觉，而纯度低的色彩给人朴素的印象。

（3）十二色环

室内软装设计师在学习色彩搭配之前学习色环和了解、运用色环是基本功之一。十二色相环是由红、黄、蓝三个三原色派生出橙、紫、绿三个二次色，再派生出红橙、黄橙、黄绿、蓝绿、蓝紫红紫六个三次色。井然有序的色相环让使用的人能清楚地看出色

图 5-71　十二色环

彩平衡调和后的结果。如图 5-71 所示。

（4）色彩对比

冷暖对比在色环中最冷的颜色是蓝色，最暖的颜色是橙色也就是这两个互补色是冷暖色的两极。暖色给人的印象是生动的、有激情的、有表现力的，给人感觉在空间位置靠前。冷色给人的印象是谨慎的、冷静的，容易产生平静感，给人感觉在空间位置靠后。一般把黑色、白色和灰色等无色系视为中立，没有冷暖感但在实际运用中受到其他搭配色彩影响的黑、白灰等色彩也会表现出一定的冷暖感。色彩中的彩色系冷暖感觉非常突出，而无色系的色彩冷暖就不是很突出。

5.6.2 色彩搭配

（1）善用色彩搭配黄金比例

在居室内色彩构成中不要超过三个色彩的框架，这三个框架要按 60：30：10 的原则进行色彩比重分配，即主色彩：次要色彩：点缀色彩为 60：30：10 的比例。如室内空间墙壁用 60% 的比例，家具、床品和窗帘占 30%，小的饰品和艺术品为10%，点缀色虽然是占比最少的色彩，但会起到重要的强调作用。

（2）室内空间色彩搭配技巧

在软装设计配色中，要认真分析硬装所留下的配色基础，从业主的喜好和设计主题出发，精心设计作品的配色方案，所有的软装色彩设计过程都必须严格按照这个方案执行，从这个基础出发去完善整个室内的配色系统，这样一定能创作出令人满意的作品。

① 小型空间装饰色。淡雅、清爽的墙面色彩巧妙的运用可以让小空间看上去更宽大；强烈、鲜艳的色彩用于个别点缀会增加空间整体的活力；还可以用不同深浅的同类色做叠加以增加整体空间的层次感，让其看上去更宽敞而不单调，让使用的主人心情开阔。

② 大型空间装饰色。暖色和深色可以让大空间显得温暖、舒适。强烈、显眼的点缀色适于大空间的装饰墙，用以制造视觉焦点。将近似色的装饰物集中陈设便会让室内空间聚焦。

③ 从天花板到地面纵观整体。协调从天花板到地面的整体色彩，最简单的做法就是给色彩分重量，暗色最重用于靠下的部位；浅色最轻适合天花板；中度的色彩则可贯穿其间。若把天花板刷成深色或与墙壁色一样，则整个空间看上去较小、较温馨；反之，浅色让顶棚看上去更高一些。

④ 空间配色次序很重要。空间配色方案要遵循一定顺序：硬装—家具—灯具—窗艺—地毯—床品和靠垫—花艺—饰品的顺序。

⑤ 三色搭配最稳固。在设计和方案实施的过程中，空间配色最好不要超过三种色彩，当然白色、黑色可以不算色彩。同一空间尽量使用同一配色方案，形成系统化的空间感觉。

⑥ 善用中性色。黑、白、灰、金、银中性色主要用于调和色彩搭配，突出其他颜色。它们给人的感觉很轻松，可以避免疲劳，其中金、银色是可以陪衬任何颜色的

百搭色，金色不含黄色，银色不含灰白色。

（3）色彩搭配十大绝对禁忌

① 蓝色不宜大面积使用在餐厅厨房。因为蓝色会让食物看起来不诱人，让人没有食欲，蓝色作为点缀色起到调节作用即可。但作为卫浴空间的装饰却能强化神秘感与隐私感。

② 紫色不宜大面积用在居室或孩子的房间。大面积的紫色会使空间整体色调变深，那样会使得身在其中的人有一种无奈的感觉。不过可以在居室局部作为装饰亮点，可以显出贵气和典雅。

③ 红色不宜长时间作空间主色调。居室内红色过多会让眼睛负担过重，产生头晕目眩的感觉，要想达到喜庆的目只要用窗帘、床品、靠包等小物件做点缀就可以。

④ 粉红色不宜大面积用在卧室。粉色容易给人带来烦躁的情绪，尤其是浓重的粉红色会让人精神一直处于亢奋状态，居住其中的人会产生莫名其妙的心火。若将粉红色作为点缀色，或将颜色的浓度稀释，淡粉红色墙壁或壁纸即能让房间转为温馨。

⑤ 橙色不宜用来装饰卧室。生气勃勃、充满活力的橙色，会影响睡眠质量，将橙色用在客厅则会营造欢快的气氛，用在餐厅能诱发食欲。

⑥ 咖啡色不宜装饰在餐厅和儿童房。咖啡色含蓄、暗沉，会使餐厅沉闷而忧郁，影响进餐质量，在儿童房中会使孩子性格忧郁。咖啡色不适宜搭配黑色，为了避免沉闷，可以用白色、灰色或米色作为配色，可以使咖啡色发挥出属于它的光彩。

⑦ 黄色不宜用于书房。它会减慢思考速度，长时间接触高纯度黄色，会让人有一种慵懒的感觉，在客厅与餐厅适量点缀一些就好。

⑧ 黑色忌大面积运用在居室内。黑色是沉寂的色彩，易使人产生消极心理，与大面积白色搭配是永恒的经典；在大面积黑色上用金色点缀，显得既沉稳又奢华，在饰品上用红色点缀，显得神秘而高贵。

⑨ 金色不宜做装饰房间的唯一用色。大面积金光闪闪对人的视线伤害最大，容易使人神经高度紧张，不易放松，金色作为线、点的勾勒能够创造富丽的效果。

⑩黑白等比配色不宜使用在室内。长时间在这种环境里，会使人眼花缭乱，紧张、烦躁，让人无所适从，最好以白色作为大面积主色局部以其他色彩为点缀，有利于产生好的视觉感受。

5.6.3 主题色彩配饰方法

（1）中式风格主题色彩

① 中式古典风格。以黑、青、红、紫、金、蓝等明度高的色彩为主，其中寓意吉祥、雍容的红色更具有代表性。

② 新中式风格。多以深色家具为主，墙面色彩搭配：一是以苏州园林和京城民宅的黑、白、灰色为基调；二是在黑、白、灰基础上以皇家住宅的红、黄、蓝、绿等作为局部色彩。

（2）现代风格主题色彩

由黑、白、灰和元色组合搭配，整体风格简洁、纯粹，但是深感冰冷，可以点缀暖色饰品调予以调和。

（3）法式乡村风格主题色彩

采用淡雅自然的颜色组合，以低纯度色彩如米白色、水粉色、淡棕色、奶油色、米黄色、淡蓝色、灰色等，营造休闲、宁静和高贵的法式风情。

（4）美式乡村风格主题色彩

以自然色调为主，绿色、土褐色较为常见，特别是墙面色彩选择上，自然、怀旧、散发着质朴气息的色彩成为首选。

（5）地中海风格主题色彩

地中海风格色彩主题将海洋元素应用到家居设计中，给人自然浪漫的感觉。地中海风格色彩的最大魅力来自其高饱和度的自然彩组合，但是由于地中海地区国家众多，呈现出很多种特色，如西班牙以蔚蓝色与为主；希腊以碧蓝色和白色为主；意大利南部以金黄向日葵花色为主；法国南部以熏衣飘香的蓝紫色为主；北非以特有沙漠及岩石等自然景观的红褐、土黄的浓厚色彩组合为主。但不管是哪个地域都是在表达地中海风格中"海"与"天"的极致美。

第**6**章
室内设计工程制图

6.1 制图基本知识与规范

6.1.1 图纸幅面

所有室内装饰工程图纸幅面规格应符合图 6-1 及表 6-1 所示的规定。

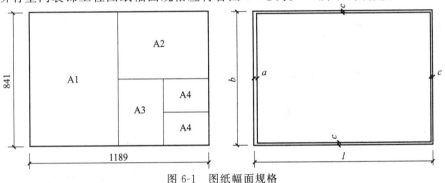

图 6-1　图纸幅面规格

表 6-1　图纸幅面及图框尺寸　　　　　　　　单位：mm

尺寸代号	幅面代号				
	A0	A1	A2	A3	A4
$b×l$	841×1189	594×841	420×594	297×420	210×297
c	10			5	
a	25				

图纸的短边一般不得加长，允许 0～3 号图纸的长边加长，加长尺寸应为长边的 1/8 及其倍数，如图 6-2 及表 6-2 所示的规定。

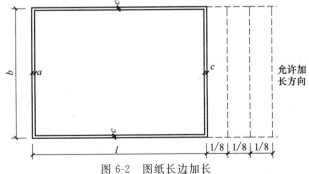

图 6-2　图纸长边加长

幅面尺寸	长边尺寸	长边加长尺寸
A0	1189	1486,1635,1783,1932,2080,2230,2378
A1	841	1051,1261,1471,1682,1892,2102
A2	594	743,891,1041,1189,1338,1486,1635,1783,1932
A3	420	630,841,1051,1261,1471,1682,1892

表 6-2　图纸长边加长尺寸　　　　单位：mm

6.1.2　标题栏与会签栏

标题栏的内容包括设计单位名称、工程名称、图纸名称、图纸编号、项目负责人、设计人、绘图人、审核人等内容，下图以 A2 图幅为例。

室内设计中的设计图纸一般需要审定、水、电、消防等相关专业负责人会签，这时可在图纸装订一侧设置会签栏，不需要会签的图纸可不设置，其形式如图 6-3 所示。

需要说明的是，目前，室内装饰行业尚无统一的国标可以遵循，各装饰公司的图纸的标题栏与会签栏也就不大统一了。

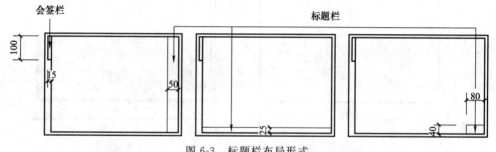

图 6-3　标题栏布局形式

6.1.3　线型笔宽设置

室内设计工程制图中笔宽如表 6-3 所示。

表 6-3　线宽表　　　　单位：mm

线宽比	线宽组				
	A0、A1	A1	A1、A2	A2	A3、A4
b	2.0	1.4	1.0	0.7	0.5	0.35
$0.5b$	1.0	0.7	0.5	0.35	0.25	0.18
$0.25b$	0.5	0.35	0.35	0.18	0.18	0.01

室内设计工程制图常采用的线型如表 6-4 所示。

表 6-4　线型选用表　　　　单位：mm

名称		线型	线宽	用途
实线	粗	————————	b	主要可见轮廓线、平、立、面剖面图的剖面线
	中	————————	$0.5b$	空间内主要转折面及物体线角等外轮廓线
	细		$0.25b$	地面分割线、填充线、索引线、尺寸线、尺寸界线、标高符号、详图材料做法引出线

续表

名称		线型	线宽	用途
虚线	粗	— — — — —	b	详图索引、外轮廓线
	中	— — — — —	$0.5b$	不可见轮廓线
	细	— — — — —	$0.25b$	灯槽、暗藏灯带、不可见轮廓线
单点划线	粗	—·—·—·—	b	图样索引的牙轮廓线
	中	—·—·—·—	$0.5b$	图样填充线
	细	—·—·—·—	$0.25b$	中心线、对称线、定位轴线
双点划线	粗	—··—··—	b	假想轮廓线、成型前原始轮廓线
	中	—··—··—	$0.5b$	
	细	—··—··—	$0.25b$	
折断线		⌇	$0.25b$	图样的省略截断画法
波浪线		∿∿∿	$0.25b$	断开界线

注：标准实线宽度 $b=0.4\sim0.8$mm，表中的 b 指基本宽度。

6.1.4　尺寸标注与文字标注设置

线性尺寸指长度尺寸，单位为 mm。它由尺界线、尺寸线、尺寸起止符号和尺寸数字四部分组成，如图 6-4 所示。

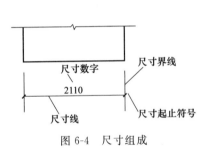

图 6-4　尺寸组成

图 6-5　尺寸界线

尺寸界线用细实线绘制，与被注长度垂直，一端离开图样轮廓线不小于 2mm，另外一端超出尺寸线 2~3mm；图样轮廓线可用作尺寸界线。尺寸线用细实线绘制，与被标注长度平行。尺寸起止符号一般用中粗斜短线绘制，与尺寸界线成顺时针 45°，长度为 2~3mm，如图 6-5 所示。

尺寸数字注写应在尺寸线上方中部，如图 6-6 所示。对于室内设计图中连续重复的构配件等，不易标明定位尺寸时，可在总尺寸的控制下，定位尺寸不用数值而用"均分"或"EQ"表示，如图 6-7 所示。

图 6-6　尺寸数字的注写位置　　　　图 6-7　室内设计连续重复定位尺寸的标注

非圆形曲线构件尺寸标注如图 6-8 所示。构件的等长尺寸标注如图 6-9 所示。

图样中的汉字应采用简化汉字，字体为长仿宋体字，常用字高度为 1.8mm、

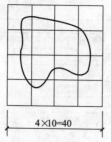

图 6-8　网格法标注非圆形构件尺寸

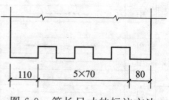

图 6-9　等长尺寸的标注方法

2.0mm、2.5mm、3.5mm、4mm、5mm、7mm、10mm、14mm、20mm 等。

6.1.5　图面比例设置

室内设计绘图常用的比例如表 6-5 所示。

表 6-5　室内装饰设计制图选用比例

常用比例	1:1,1:2,1:5,1:10,1:20,1:50,1:100,1:150,1:200,1:500,1:1000
可用比例	1:3,1:4,1:6,1:15,1:30,1:40,1:60,1:80,1:250,1:300,1:400,1:600

不同的比例应用图样范围如下：

建筑总图 1:500、1:1000；

总平面图 1:50、1:100、1:200、1:300；

分区平面图 1:50、1:100；

分区立面图 1:25、1:30、1:50；

详图大样 1:1、1:2、1:5、1:10。

6.2　施工图符号设置

6.2.1　标高标注符号

标高标注符号主要用于顶棚及地面的装修完成面高度的表示。

（1）大样图标高尺度

大样图标高尺度如图 6-10 所示。

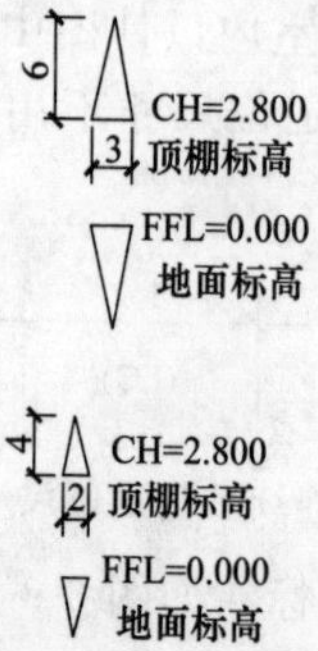

适用于 A0、A1、A2 图幅，字体为宋体，高为 2.5mm。

适用于 A3、A4 图幅，字体为宋体，高为 2mm。

图 6-10　大样图标高尺度

（2）地面铺装及吊顶平面标高

地面铺装及吊顶平面标高由引出线、矩形、标高、材料名称组成。尺度如图6-11所示。

适用于A0、A1、A2图幅，字体为宋体，高为2.5mm。

适用于A3、A4图幅，字体为宋体，高为2mm。

图6-11 地面铺装及吊顶平面标高

（3）标高符号应用

① ▽▽多用于大样图，如图6-12和图6-13所示。

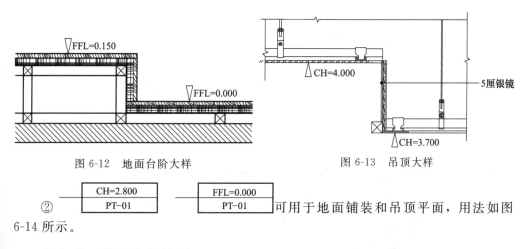

图6-12 地面台阶大样　　　　　　图6-13 吊顶大样

②
| CH=2.800 |
| PT–01 |
| FFL=0.000 |
| PT–01 |
可用于地面铺装和吊顶平面，用法如图6-14所示。

6.2.2 详图索引符号

详图索引符号用于在总平面上将分区分面详图进行索引，也可用于节点大样的索引，见图6-15。

6.2.3 立面索引符号

立面索引符号用于平面图内针对立面图的索引（四个立面分别在不同的四张图内），符号尺度如图6-16所示。

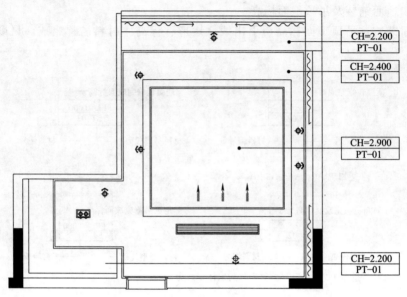

图 6-14　吊顶平面

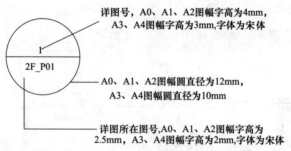

图 6-15　详图索引符号

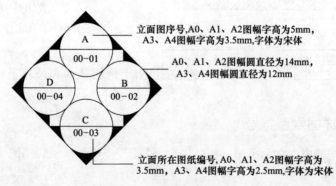

图 6-16　立面索引符号（一）

用于平面图内针对立面索引的起止点或剖立面图的剖切起止点的表示方式，见图 6-17。

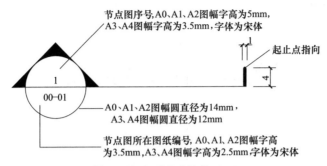

图 6-17 立面索引符号（二）

6.2.4 节点剖切索引符号

节点剖切索引符号用于节点图的剖切索引，符号尺度如图 6-18 所示。

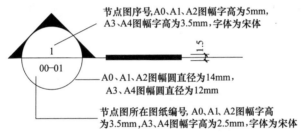

图 6-18 节点剖切索引符号

节点大样比例再次放大图例见图 6-19。

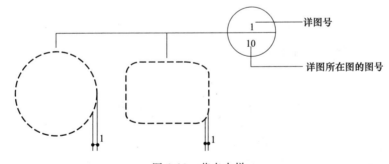

图 6-19 节点大样

注：无论剖切视点角度朝向何方，索引圆内的字体应与图幅保持水平，
详图号位置与图号位置不能颠倒。

6.2.5 材料索引符号

材料索引符号可对平、立面及节点图的饰面材料进行索引，在设计过程中如饰面材料发生变更可只修改材料总表中的材料中文名称，若干张图纸内的编号可不必调整，符号尺度如图 6-20 所示。

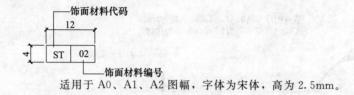

适用于 A0、A1、A2 图幅，字体为宋体，高为 2.5mm。

适用于 A3、A4 图幅，字体为宋体，高为 2mm。

图 6-20　材料索引符号

注：饰面材料代码编号在装饰公司设计团队内部应有明确规定，材料编号不单是为了设计
修改方便，也可在使用中，使施工单位在编号与总表不断对照中加深对材料及设计的理解。

6.2.6　剖断省略线符号

剖断省略线符号用于图纸内容的省略或截选，符号尺度如图 6-21 所示。

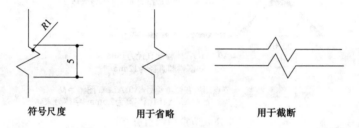

符号尺度　　　　　用于省略　　　　　用于截断

图 6-21　剖断省略线符号

6.2.7　中心线

中心线用于图形的中心定位，符号尺寸如图 6-22 所示。

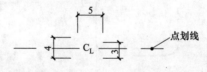

图 6-22　中心定位符号尺寸

中心线符号应用如图 6-23 所示。

6.2.8　引出线

引出线可用于详图符号或材料、标高等符号的索引。箭头圆点直径为 1mm，圆点尺寸和引线宽度可根据图幅及图样比例调节。引出线应采用细直线，宜采用水平方向的直线、与水平方向成 30°、45°、60°、90°的直线，文字说明在在水平线的上方，如图 6-24 所示。

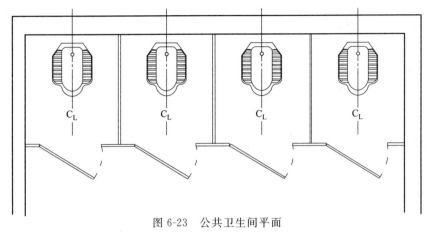

图 6-23 公共卫生间平面

图 6-24 引出线

索引详图的引出线应对准圆心，如图 6-25 所示。

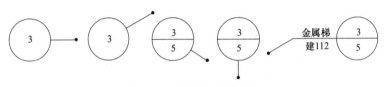

图 6-25 索引详图引出线

同时引出几个相同部分的引出线宜互相平行；也可画成集中于一点的放射线，如图 6-26 所示。

图 6-26 共同引出线

多层构造引出线，必须通过被引的各层，须保持垂直方向，文字说明的次序与构造层次一致，由上而下，从左到右，如图 6-27 所示。

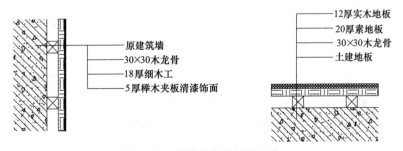

图 6-27 多层构造共同引出线

6.2.9　轴线号符号

定位轴线采用单点画线绘制，端部用细实线画出直径为 8～10mm 的圆圈。横向轴线编号应用阿拉伯数字，从左往右编写，纵向编号应用大写拉丁字母，从下至上顺序编写，但不得使用 I、O、Z 三个字母，如图 6-28 所示。

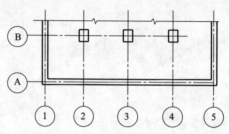

图 6-28　定位轴线的编号顺序

组合较复杂的平面图中定位轴线可采用分区编号，如图 6-29 所示。

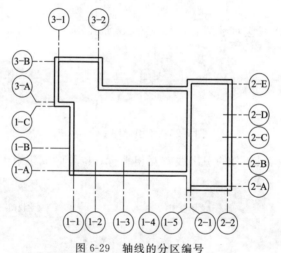

图 6-29　轴线的分区编号

附加定位轴线编号，应以分数形式按规定编写。两根轴线之间的附加轴线，分母表示前一轴线的编号，分子表示附加轴线的编号，编号宜用阿拉伯数字顺序编写，如图 6-30 所示。

(a) 3号轴线之后附加的第一根轴线　　(b) C号后附加的第二根轴线　　(c) 2号轴线之前附加的第二根轴线

图 6-30　附加定位轴线的编号

一个详图适用于几根轴线时，应同时注明有关轴线的编号，如图 6-31 所示。

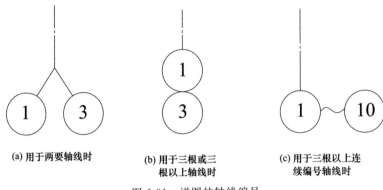

(a) 用于两要轴线时　　　(b) 用于三根或三　　　(c) 用于三根以上连
　　　　　　　　　　　　　根以上轴线时　　　　　续编号轴线时

图 6-31　详图的轴线编号

6.2.10　绝对对称符号

绝对对称符号用于说明图形的绝对对称，也可作图形的省略画法，符号尺度如图
6-32 所示。

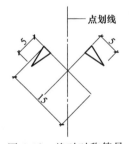

图 6-32　绝对对称符号

绝对对称符号应用方法如图 6-33 所示。

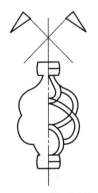

图 6-33　铁艺镂空装饰大样

6.2.11　灯具索引

灯具索引用于表示灯饰的形式、类别的编号，CL 表示灯饰，符号尺度如图 6-34 所示。

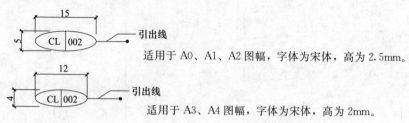

适用于 A0、A1、A2 图幅，字体为宋体，高为 2.5mm。

适用于 A3、A4 图幅，字体为宋体，高为 2mm。

图 6-34　灯具索引

注：灯具索引符号应与详细的列表相结合，以便更为细致地进行描述。

6.2.12　家具索引

家具索引用于表示各种家具的符号，符号尺度如图 6-35 所示。

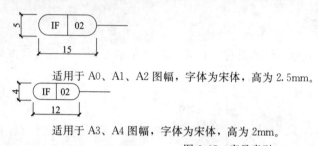

适用于 A0、A1、A2 图幅，字体为宋体，高为 2.5mm。

适用于 A3、A4 图幅，字体为宋体，高为 2mm。

图 6-35　家具索引

注：多指活动家具，列表中应有对应图片。

6.2.13　艺术品陈设索引

艺术品陈设索引用于表示图中陈设物品（包括陈设品、装饰画、绿化等），符号尺度如图 6-36 所示。

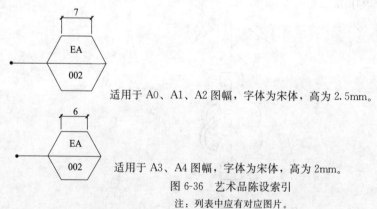

适用于 A0、A1、A2 图幅，字体为宋体，高为 2.5mm。

适用于 A3、A4 图幅，字体为宋体，高为 2mm。

图 6-36　艺术品陈设索引

注：列表中应有对应图片。

6.2.14　图纸名称

图纸名称及详图索引符号应用于表示图纸名称及其所在的图号，由圆形、引出线、图纸名称、图纸号、比例、说明、控制布局线组成，符号尺度如图 6-37 所示。

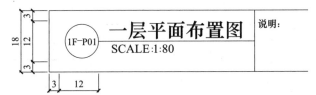

适用于 A0、A1、A2 图幅，字母与数字高为 2.5mm，图纸名称字体为宋体，高为 4mm。

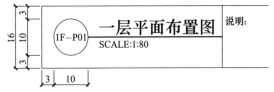

适用于 A3、A4 图幅，字母与数字高为 2mm，图纸名称字体为宋体，高为 3mm。

图 6-37 图纸名称

6.2.15 指北针

指北针用于表示平面图朝北方向，符号尺度如图 6-38 所示。

适用于 A0、A1、A2 图幅，字母与数字高为 2.5mm，图纸名称字体为宋体，高为 4mm。

适用于 A3、A4 图幅，字母与数字高为 2mm，图纸名称字体为宋体，高为 3mm。

图 6-38 指北针

6.3 室内施工图图例及图面构成

6.3.1 材质图例

材质图例见表 6-6。

表 6-6 材质图例

名称	图例	名称	图例
自然土壤		液体	
夯实土壤		玻璃	

续表

名称	图例	名称	图例
砂、灰土		橡胶	
砂砾石、碎砖三合土		塑料	
石材		防水材料	
毛石		粉刷	
普通砖(实心砖、多孔砖、砌块等砌体)		网状材料	
耐火砖		楼梯	
空心砖		单扇门	
饰面砖(地砖、马赛克、人造大理石)		双扇门	
水泥、石灰石合成的材料		内外开双层门	
混凝土		双面弹簧门	
钢筋混凝土		针树叶(单树)	
多孔材料		阔树叶(单树)	
纤维材料		金属	
泡沫塑料材料		单扇推拉门	
木材(上左图为木砖或木龙骨,下图为纵断面)		双扇推拉门	
胶合板		玻璃隔断	注明材料
石膏板			

6.3.2　机电图例

机电图例见表 6-7。

表 6-7　机电图例

名称	图例	名称	图例	名称	图例
单联开关		地灯		灯光控制板	LCP
双联开关		低压射灯		火警铃	F
三联开关		吸顶灯		门铃	DB
调光器开关	SD	灯槽	-------	600×600 格栅灯	
微型开关	MS	防雾筒灯		600×1200 格栅灯	
温控开关	T	洗墙灯		300×1200 格栅灯	
插卡取电开关	CC	直照射灯		照明配电箱	
请勿打扰指示牌开关	DND	草坪灯		下送风口	A/C
服务呼叫开关	FW	可调角度射灯		侧送风口	A/C
紧急呼叫开关	JJ	筒灯/按选型确定尺寸		下回风口	A/R
背景音乐开关	YY	壁灯	WS	侧回风口	A/R
墙面单座插座		台灯		下送风口	A/C
地面单座插座		喷淋（下喷）		侧送风口	A/C
剃须插座	MR	喷淋（上喷）		下回风口	A/R
吹风机插座	HR	喷淋（侧喷）		侧回风口	A/R
烘手器插座	HD	烟感探头	S	干粉灭火器	
台灯插座	TL	顶棚扬声器		消防栓	XHS
冰箱插座	RF	数据端口	D	下水点位	
落地灯插座	SL	电话端口	T	开关（立面）	
保险箱插座	SF	电视端口	TV	插座（立面）	
激光打印机插座	LP	传真端口	F	电视端口（立面）	
卫星信号接收器插座	SAT	风扇		数据端口（立面）	
吊灯/造型		排风扇			

6.3.3　图面构图

常见的图面构图如图 6-39 所示。

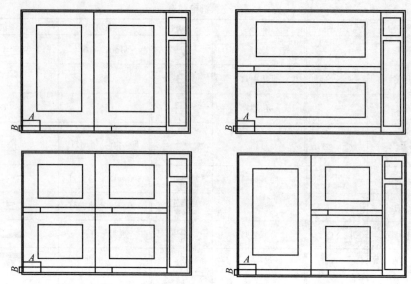

注：B值可根据图名文字的多少调整。当图幅为A0、A1、A2时B值为18mm,当图幅为A3、A4时B值为15mm。

图 6-39　图面构图示意

　　图面绘制的图样不论其包含内容是否相同（同一图面内可包含平面图、立面图、剖面图、大样图等）或其比较有所不同（同一图面中可包含不同比例），其构图形式都应符合整齐、均匀、和谐、美观的原则。

　　图面内的数字标注、文字标注、符号索引、图样名称、文字说明都应按以下规定执行。

　　① 数字标注与文字索引、符号索引尽量不要交叉。

　　② 图面的分割形式可因不同内容、数量及比例调整，但构图中图样名称分割线的高度却可依图幅大小而保持一致。

6.4　施工图的编制顺序

室内设计项目成图的编制顺序，成套的施工图包含以下内容。

　　① 封面。项目名称、业主名称、设计单位、成图依据等。

　　② 目录。项目名称、序号、图号、图名、图幅、图号说明、图纸内部修订日期、备注等，可以列表形式表示。

　　③ 文字说明。项目名称，项目概况，设计规范，设计依据，常规做法说明，关于防火、环保等方面的专篇说明。

　　④ 图表。材料表、门窗表（含五金件）、洁具表、家具表、灯具表等。

　　⑤ 平面图。其中总平面包括建筑隔墙总平面、家具布局总平面、地面铺装总平面、顶棚造型总平面、机电总平面等内容；分区平面包括分区建筑隔墙平面、分区家具布局平面、分区地面铺装平面、分区顶棚造型平面、分区灯具、分区机电插座、分区下水点位、

分区开关连线平面、分区艺术陈设平面等内容。以上可根据不同项目内容有所增减。

⑥ 立面图。装修立面图、家具立面图、机电立面图等。

⑦ 节点大样详图。构造详图、图样大样等。

⑧ 配套专业图纸、水、电等相关配套专业图纸。

6.5 室内施工图的绘制及标准

6.5.1 平面图

平面图是假想用一水平剖切平面距地面 1.5m 左右的位置将上部切去而形成的正投影图。平面图包括原始建筑平面图，建筑平面图，地面铺装材料平面图，家具布置图，立面索引图，顶棚造型平面图，顶棚灯具位置平面图，地面机电插座布置平面图，顶棚综合设备图，给排水、暖气等设备位置平面图，机电开关连线平面图等。

① 原始建筑平面图。指甲方提供的原土建平面图，如图 6-40 所示。

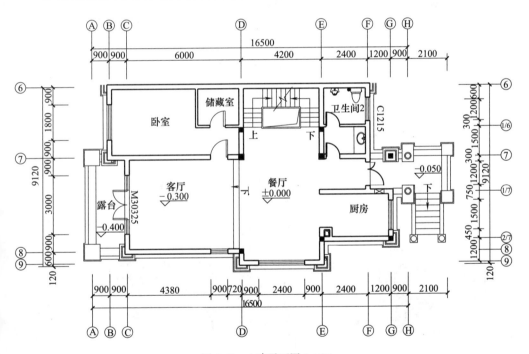

图 6-40　土建平面图 1 : 80

② 建筑平面图。包括现有建筑平面（承重墙、非承重墙），新增建筑隔墙，现有建筑顶部横梁与设备状况，如图 6-41 所示。

③ 地面铺装材料平面图。确定地面不同装饰材料的铺装形式与界限；确定铺装材料的开线点，即铺装材质起点；异形铺装材料的平面定位及编号；还可表示地面材质的高差，如图 6-42 所示。

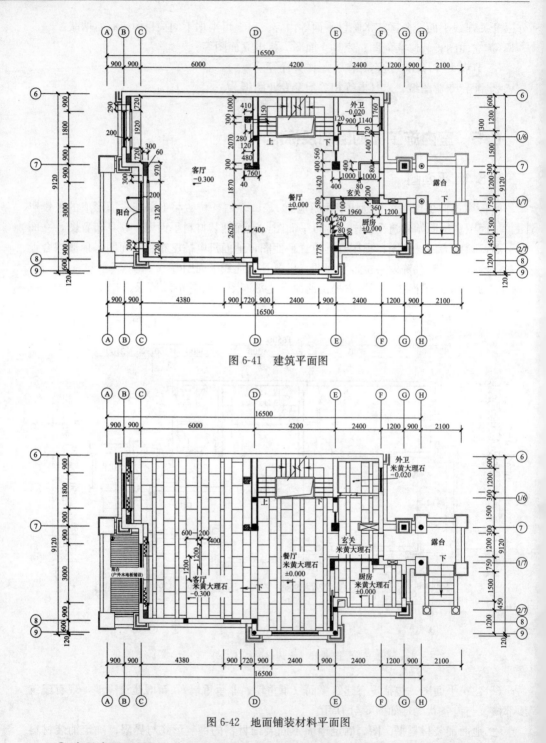

图 6-41　建筑平面图

图 6-42　地面铺装材料平面图

　　④ 家具布置平面图。家具在平面上的布置大致可分为以下几种：固定家具、活动家具、到顶家具，具体家具布置平面图如图 6-43 所示。

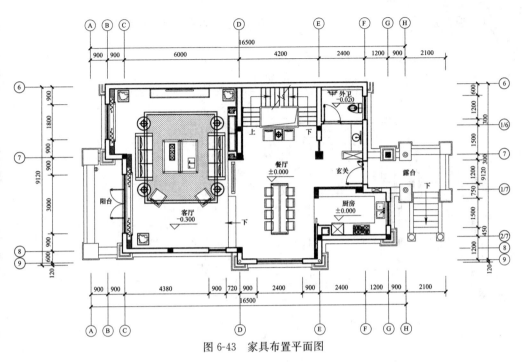

图 6-43　家具布置平面图

⑤ 立面索引平面图。用于表示立面及剖立面的指引方向，如图 6-44 所示。

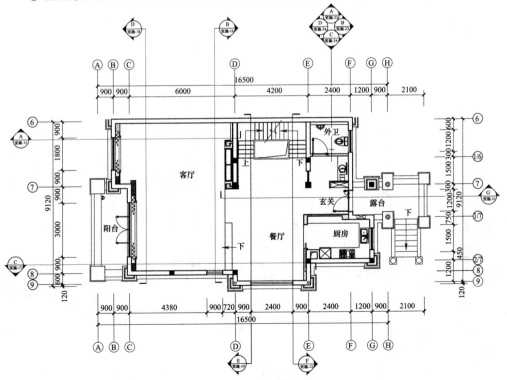

图 6-44　立面索引平面图

⑥ 顶棚造型平面图。用于表示顶棚造型起伏高差、材质及其定位尺度，如图 6-45 所示。

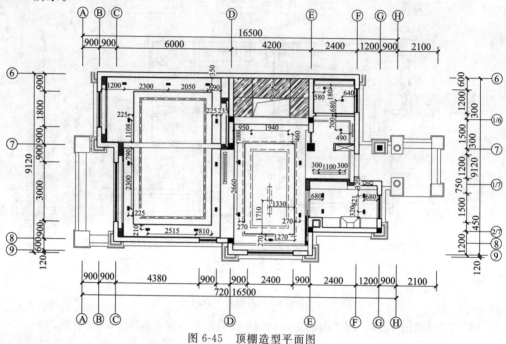

图 6-45　顶棚造型平面图

⑦ 顶棚灯具位置平面图。用于灯具定位，如图 6-46 所示。

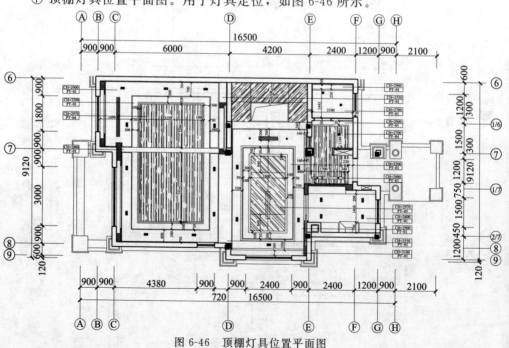

图 6-46　顶棚灯具位置平面图

⑧ 地面机电插座布置平面图。地面插座及立面插座开关等位置平面，如图 6-47 所示。

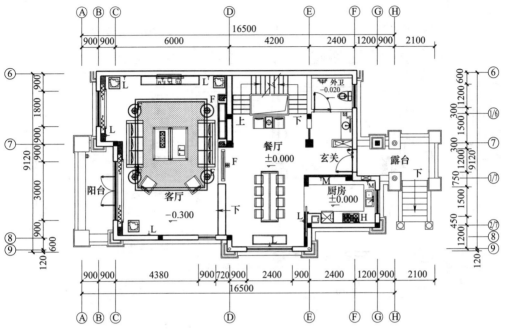

图 6-47　地面机电插座布置平面图

⑨ 机电开关连线平面图即开关控制各空间灯具的连线平面图，如图 6-48 所示。

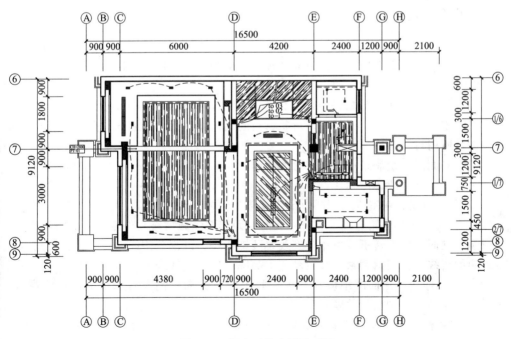

图 6-48　机电开关连线平面图

⑩ 给排水、暖气等设备位置平面图。给排水点位、暖气等设备位置的定位，如图 6-49 所示。

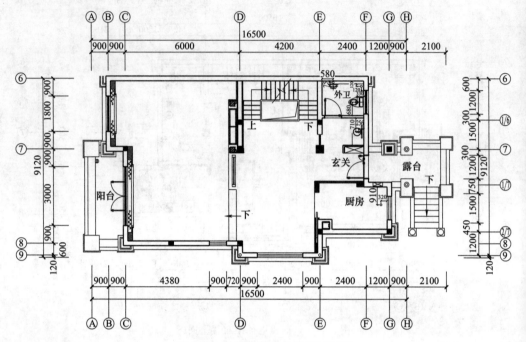

图 6-49　给排水等设备位置平面图

6.5.2　立面图

（1）立面图的命名

室内空间内立面图应根据其空间名称、所处楼层等确定其名称。

（2）立面图的概念及作用

将室内空间立面向与之平行的投影面上投影，所得到的正投影图即为室内立面图。该图主要表达室内空间的内部形状、空间的高度、门窗的形状与高度、墙面的装修做法及所用材料等。

（3）立面图在绘制过程中应注意的问题

① 比例。常用比例为 1：25、1：30、1：40、1：50、1：100 等。

② 定位轴线。在室内立面图中轴线号与平面图相对应。

③ 图线。立面外轮廓线为装修完成面，即饰面装修材料的外轮廓线，用粗实线；门窗洞、立面墙体的转折等可用中实线；装饰线脚、细部分割线、引出线、填充等内容可用细实线。立面活动家具及活动艺术品陈设应以虚线表示。

④ 尺寸标注。立面图中应在布局空间中注明纵向总高及各造型完成面的高度，水平尺寸应与定位轴线相关联。

⑤ 文字标注。立面图绘制完成后，应在布局空间内注明图名、比例及材料名称等相关内容。

6.5.3 剖立面图

（1）剖立面图的概念及作用

设想用一个垂直的剖切平面将室内空间垂直切开，移去一半将剩余部分向投影面投影，所得的剖切视图即为剖立面图。

剖立面图可将室内吊顶、立面、地面装修材料完成面的外轮廓线明确表示出来，为下一步节点详图的绘制提供基础条件。

（2）剖立面图在绘制过程中应注意的问题

① 比例。剖立面图比例可与立面图相同。

② 定位轴线。在剖立面中，凡被剖切到的承重墙柱都应画出定位轴线，并注写与平面图相对应的编号。立面图中一些重要的构造造型，也可与定位轴线关联标注，以保证其他定位的准确性。

③ 图线。在剖立面图中，其顶、地、墙外轮廓线为粗实线，立面转折线、门窗洞口可用中实线，填充分割线等可用细实线，活动家具及陈设可用虚线表示。

④ 尺寸标注。高度尺寸应注明空间总高度，门、窗高度及各种造型；材质转折面高度；注明机电开关、插座高度。水平尺寸应注明承重墙、柱定位轴线的距离尺寸；注明门、窗洞口间距；注明造型、材质转折面间距。

⑤ 文字标注。材料或材料编号内容应尽量在尺寸标注界线内应对照平面索引注明立面图编号、图名以及图纸所应用的比例，如图 6-50 所示。

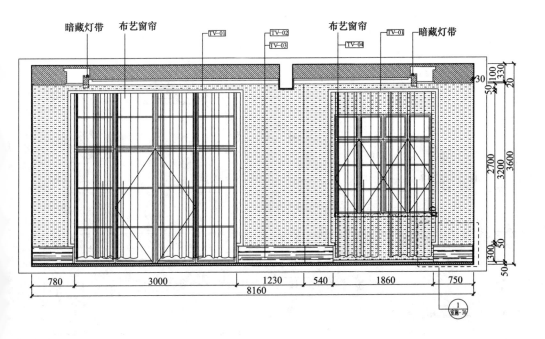

图 6-50 立面图示意

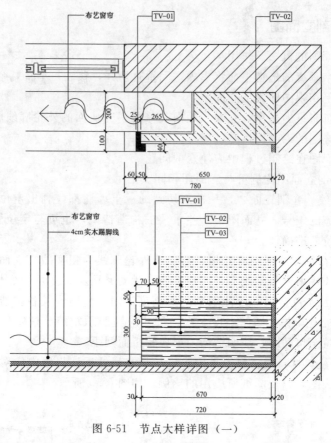

图 6-51　节点大样详图（一）

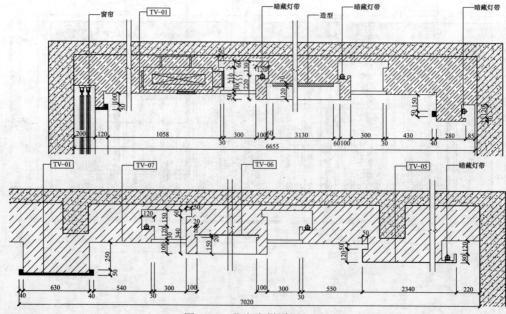

图 6-52　节点大样详图（二）

6.5.4　节点大样详图

相对于平、立、剖面图的绘制，节点大样详图则具有比例大、图示清楚、尺寸标注详尽、文字说明全面的特点。

节点大样详图在绘制过程中应注意的问题。

① 比例。大样详图所用的比例视图形自身的繁简程度而定，一般采用1∶1、1∶2、1∶5、1∶10、1∶20、1∶25、1∶30、1∶50等。

② 符号。详图索引符号下方的图号应为索引出处的图纸图号。

③ 图线。大样详图的装修完成面的轮廓线应为粗实线，材料或内部形体的外轮廓线为中实线，材质填充为细实线。

④ 尺寸标注与文字标注。节点大样详图的文字与尺寸标注应尽量详尽，如图6-51和图6-52所示。

6.6　室内施工图工程实例

项目名称：天水家园9幢3A户型

项目地点：浙江省宁波市

项目面积：170.06m²

项目造价：42万

设计风格：欧式新古典，营造高贵、典雅的气质和浪漫的情调是本案的主题

主要材料：米黄大理石、黑胡桃实木地板、墙纸等

具体图样见图6-53～图6-92。

3A 户型设计施工图

设计风格：欧式新古典风格

图 6-53　设计图封面

3A 户型图纸目录表

序号	图纸名称	图号	图幅	备注	序号	图纸名称	图号	图幅	备注
01	图纸封面				21	3A户型立面图8	室施-18	A3	
02	3A户型目录表	图表1-00	A3		22	3A户型立面图9	室施-19	A3	
03	3A户型材料表	图表1-01	A3		23	3A户型节点图1	室施-20	A3	
04	3A户型原建筑平面图	图表1-02	A3		24	3A户型节点图2	室施-21	A3	
05	3A户型隔墙尺寸平面图	室施-01	A3		25	3A户型节点图3	室施-22	A3	
06	3A户型家具布置平面图	室施-02	A3		26	3A户型节点图4	室施-23	A3	
07	3A户型顶棚造型平面图	室施-03	A3		27	3A户型节点图5	室施-24	A3	
08	3A户型顶棚灯具平面图	室施-04	A3		28	3A户型节点图6	室施-25	A3	
09	3A户型地面铺装平面图	室施-05	A3		29	3A户型节点图7	室施-26	A3	
10	3A户型机电开关平面图	室施-06	A3		30	3A户型节点图8	室施-27	A3	
11	3A户型插座点位平面图	室施-07	A3		31	3A户型节点图9	室施-28	A3	
12	3A户型给排水及暖气点位平面图	室施-08	A3		32	3A户型节点图10	室施-29	A3	
13	3A户型立面索引指向平面图	室施-09	A3		33	3A户型节点图11	室施-30	A3	
14	3A户型立面图1	室施-10	A3		34	3A户型节点图12	室施-31	A3	
15	3A户型立面图2	室施-11	A3		35	3A户型节点图13	室施-32	A3	
16	3A户型立面图3	室施-12	A3		36	3A户型节点图14	室施-33	A3	
17	3A户型立面图4	室施-13	A3		37	3A户型节点图15	室施-34	A3	
18	3A户型立面图5	室施-14	A3		38	3A户型节点图16	室施-35	A3	
19	3A户型立面图6	室施-15	A3		39	3A户型节点图17	室施-36	A3	
20	3A户型立面图7	室施-16	A3		40	3A户型节点图18	室施-37	A3	
		室施-17	A3						

图 6-54 图纸目录

3A 户型材料表

编号	材料名称	备注
PT-01	天花米白色乳胶漆	
PT-02	天花米黄色乳胶漆	
PT-03	墙体白色乳胶漆-A	
WP-01	墙纸	伊丽莎白（型号:276）
WP-02	墙纸	伊丽莎白（型号:186）
WP-03	墙纸	伊丽莎白（型号:H67087）
WP-04	墙纸	伊丽莎白（型号:FV90504）
WP-05	墙纸	伊丽莎白（型号:186）
WP-06	墙纸	伊丽莎白（型号:FV90504）
WP-07	墙纸	伊丽莎白（型号:1100）
WP-08	墙纸	伊丽莎白（型号:FV90505）
WP-09	墙纸	伊丽莎白（型号:FV90505）
WP-10	墙纸	伊丽莎白（型号:FV90505）
WP-11	米黄墙纸	
TV-01	黑胡桃木饰面板	
TV-02	防火板	
GS-01	清玻璃	
GS-02	6厘车边清镜	
GS-03	钢化玻璃	
GS-04	面喷砂图案茶色镜	
GS-05	雾砂玻璃	
ST-01	进口金龙米黄	

编号	材料名称	备注
ST-02	进口黑金花	
ST-03	进口浅咖网	
ST-04	进口黑金花	
ST-05	进口黑金沙	
ST-06	进口贝沙金	
ST-07	浅西施红	
ST-08	烧面金麻	
ST-09	白水晶	
ST-10	米黄大理石	
ST-11	世纪米黄饰面	
FB-01	布-主人房	
DJ-01	黑胡桃木实木复合地板	
CT-01	瓷砖-A	东鹏（型号:BG60 600mm×600mm）
CT-02	瓷砖B	东鹏（型号:YF5019 500mm×500mm）
CT-03	瓷砖C	东鹏（型号:YG603901　横铺）
CT-04	瓷砖D	东鹏（型号:YF600298　横铺）
CT-05	马赛克	
CT-06	马赛克	莱纳斯（型号:YF-MTLP21）
TB-01	黑胡桃实木线	莱纳斯（型号:YF-MJM10）
TB-02	黑胡桃实木收口线	

图 6-55　户型材料表

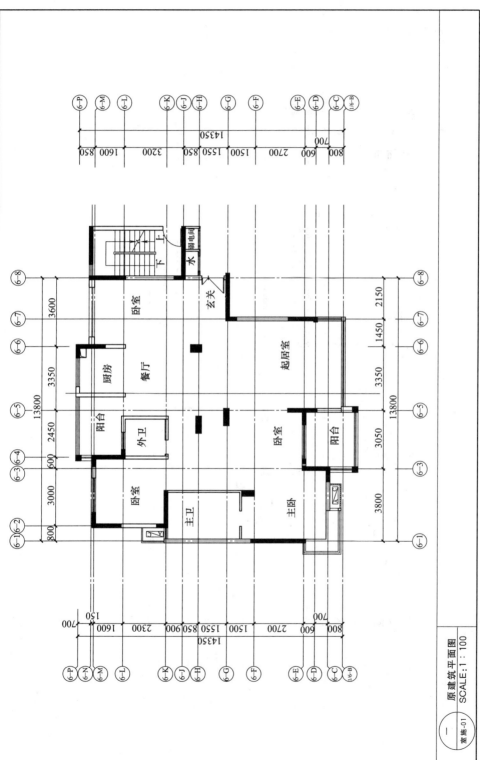

图6-56 原建筑平面图（室施-01）

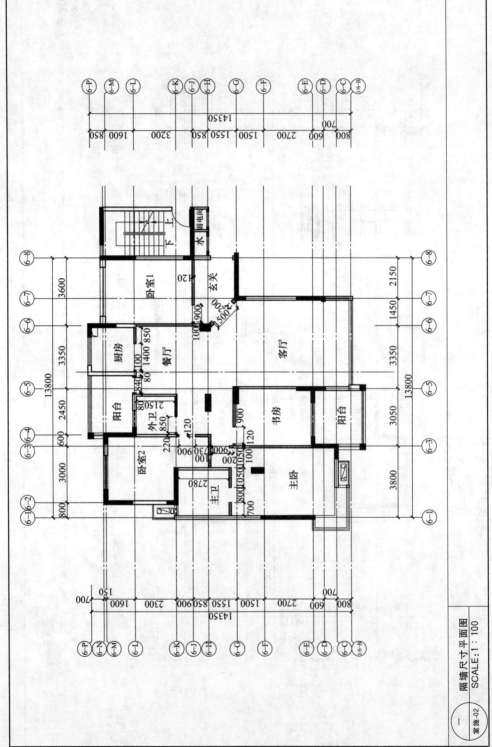

图 6-57 隔墙尺寸平面图（室施-02）

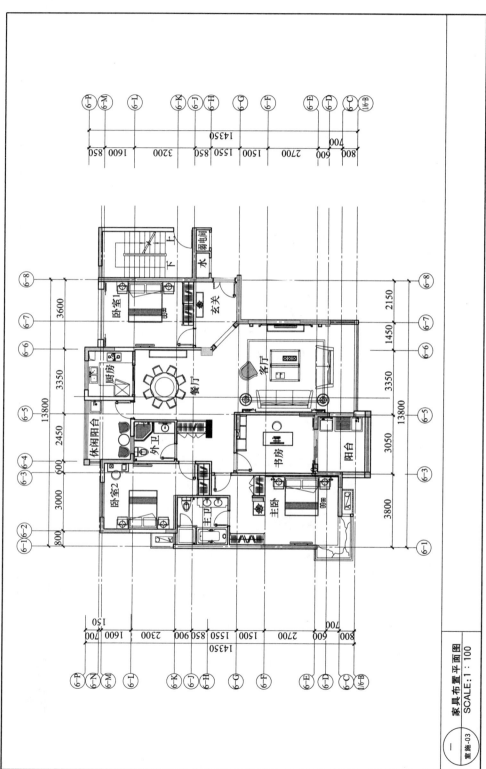

图 6-58　家具布置平面图（室施-03）

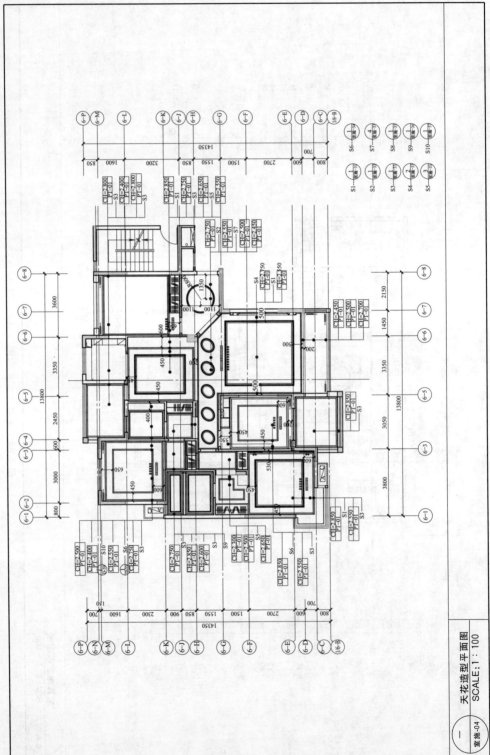

图 6-59 天花造型平面图（室施-04）

天花造型平面图
SCALE:1∶100

（一）
室施-04

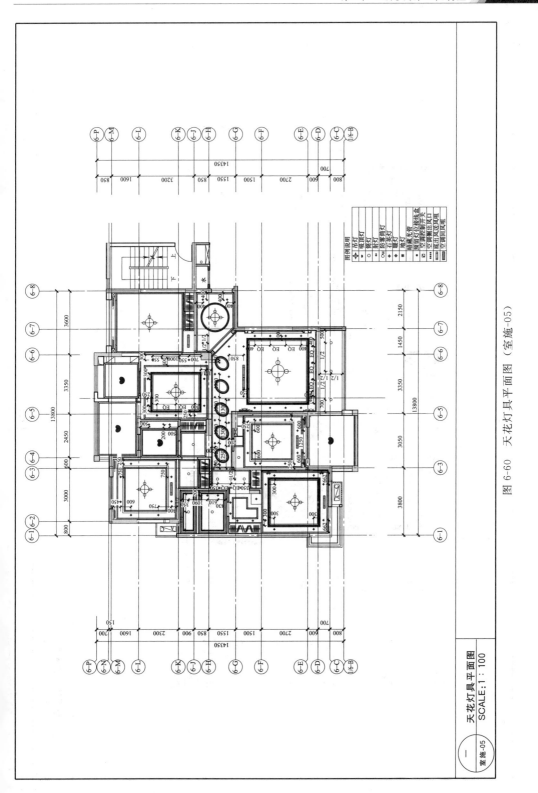

图 6-60 天花灯具平面图（室施-05）

天花灯具平面图
SCALE：1：100

（一）

室施-05

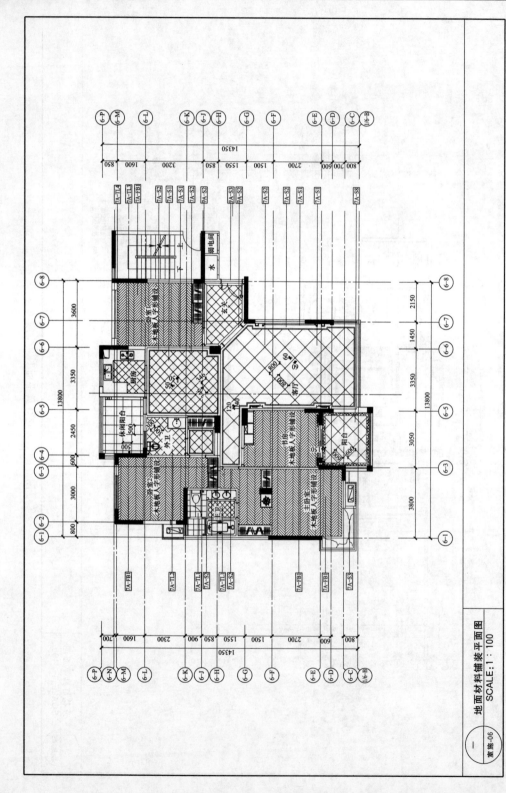

图 6-61 地面材料铺装平面图（室施-06）

地面材料铺装平面图
SCALE:1：100

（一）
室施-06

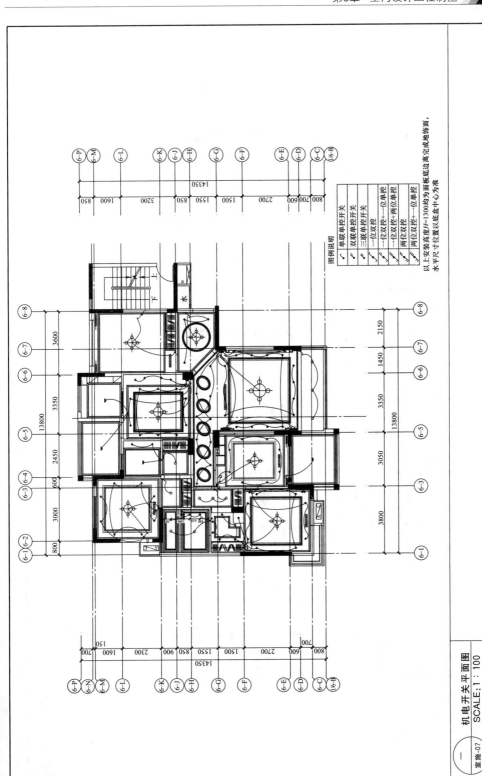

图 6-62　机电开关平面图（室施-07）

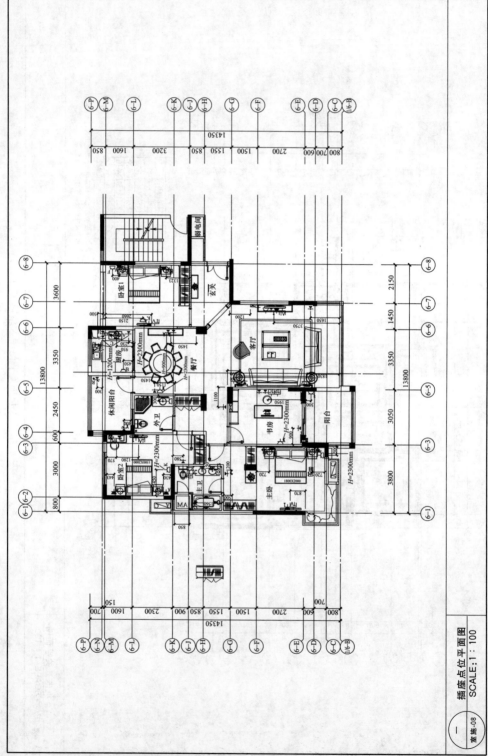

图 6-63 插座点位平面图（室施-08）

插座点位平面图
SCALE:1∶100

（一）
室施-08

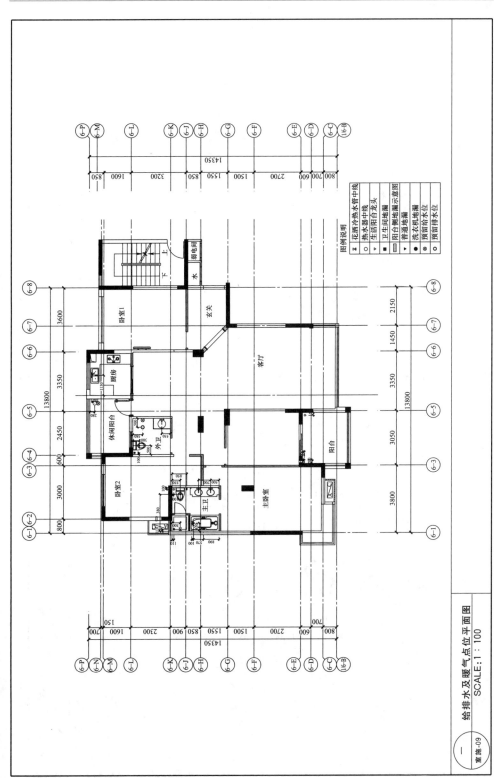

图 6-64　给排水及暖气点位平面图（室施-09）

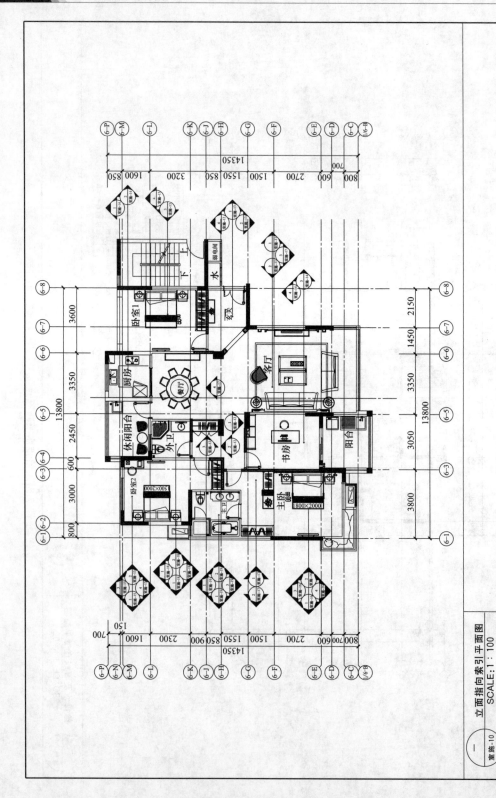

图 6-65　立面指向索引平面图（室施-10）

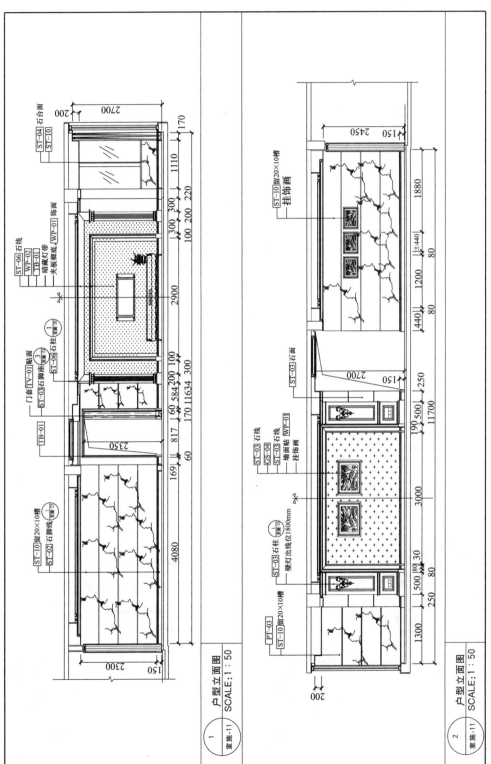

图 6-66　户型立面图（一）（室施-11）

ST-04 石台面
ST-10

ST-06 石线
WP-02
TB-01
暗藏灯带
夹板衬底, WP-01 饰面

门套 TV-01 贴面
ST-03 石脚线
ST-06 石柱面

TB-01

ST-10 阴 20×10 槽
ST-02 石脚线

户型立面图
SCALE:1:50

1　室施-11

ST-10 阴 20×10 槽
挂饰画

ST-03 石面

ST-03 石线
GS-04
墙面贴
挂饰画

ST-03 石柱
壁灯出线位 1800mm

PT-03
ST-10 阴 20×10 槽

户型立面图
SCALE:1:50

2　室施-11

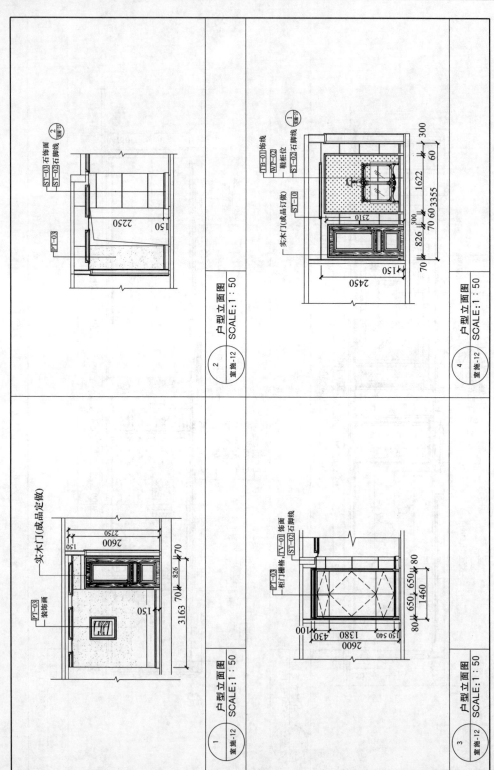

图 6-67 户型立面图（二）（室施-12）

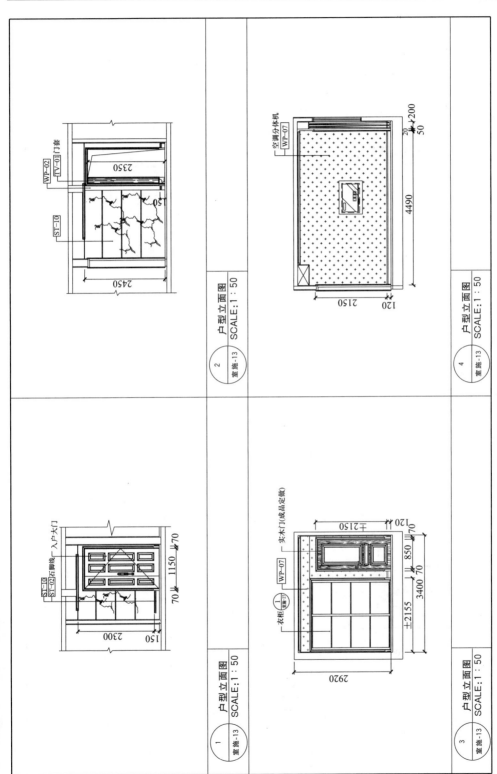

图 6-68　户型立面图（三）（室施-13）

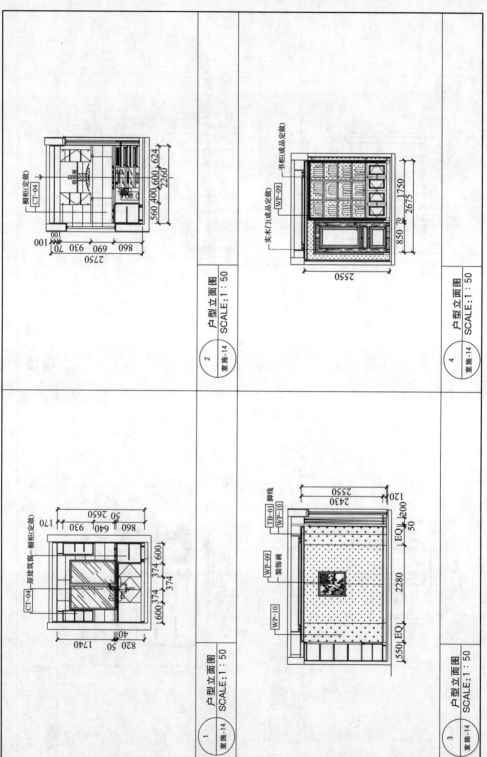

图 6-69 户型立面图（四）（室施-14）

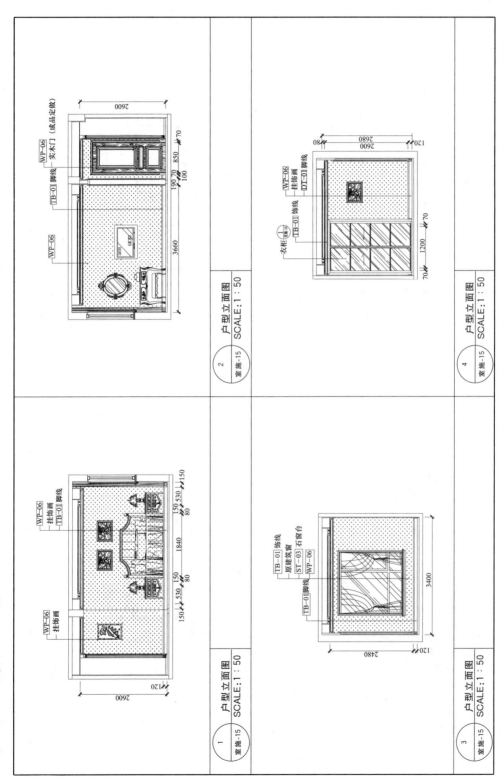

图6-70　户型立面图（五）（室施-15）

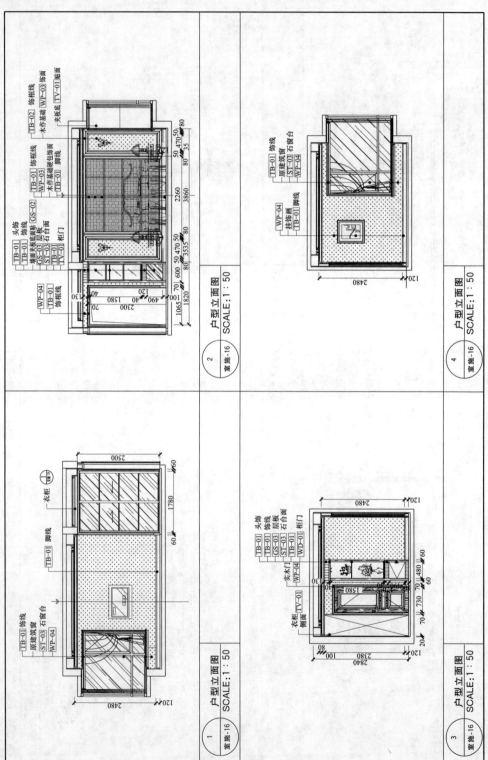

图 6-71 户型立面图（六）（室施-16）

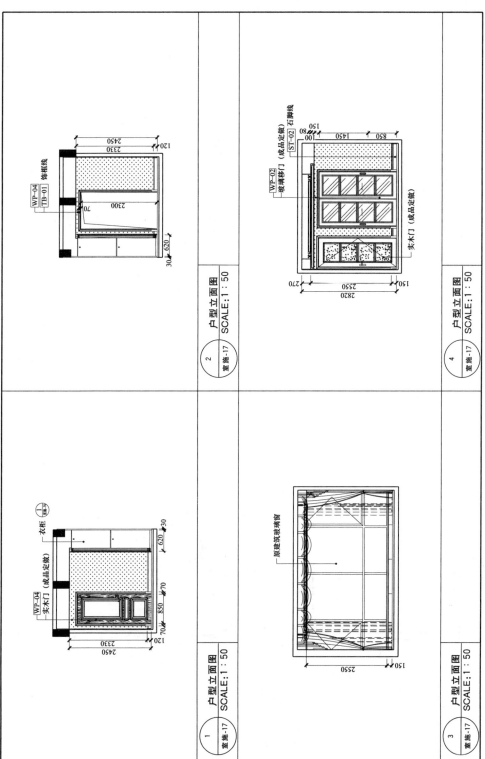

图 6-72 户型立面图 (七) (室施-17)

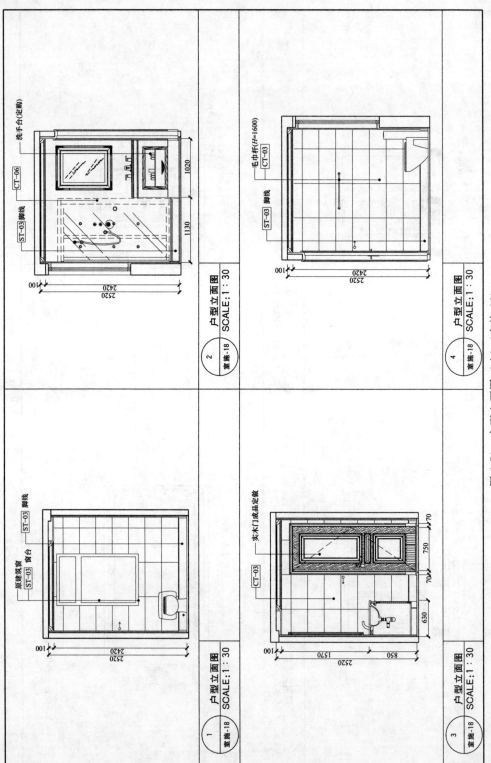

图 6-73　户型立面图（八）（室施-18）

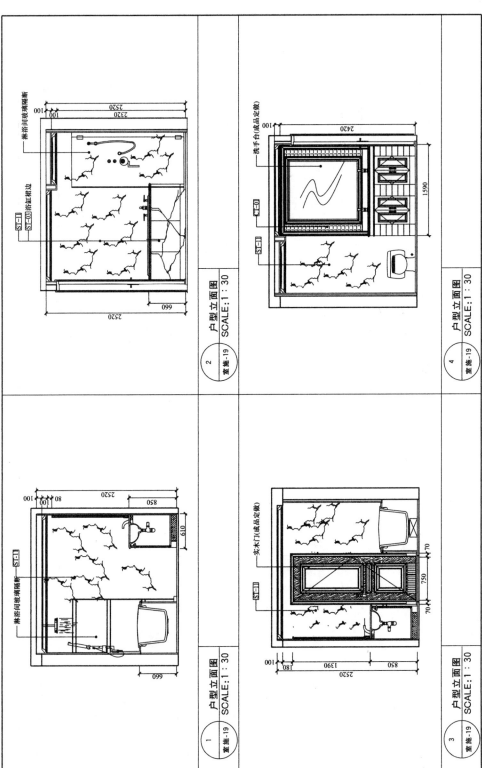

图 6-74 户型立面图（九）（室施-19）

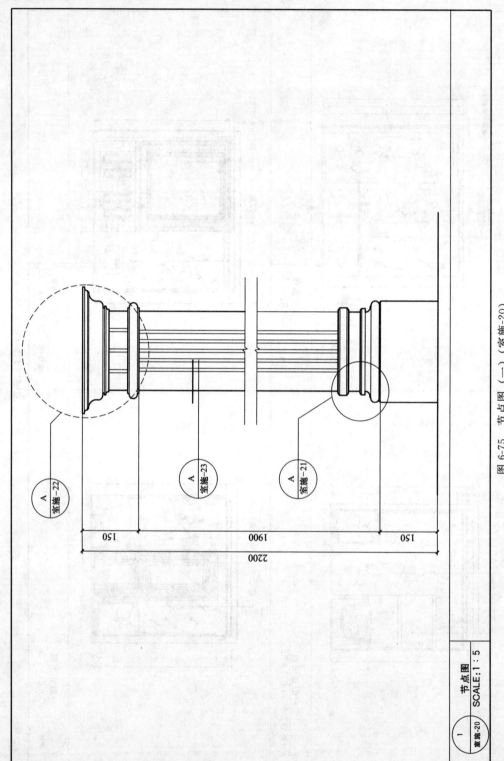

图 6-75 节点图（一）（室施-20）

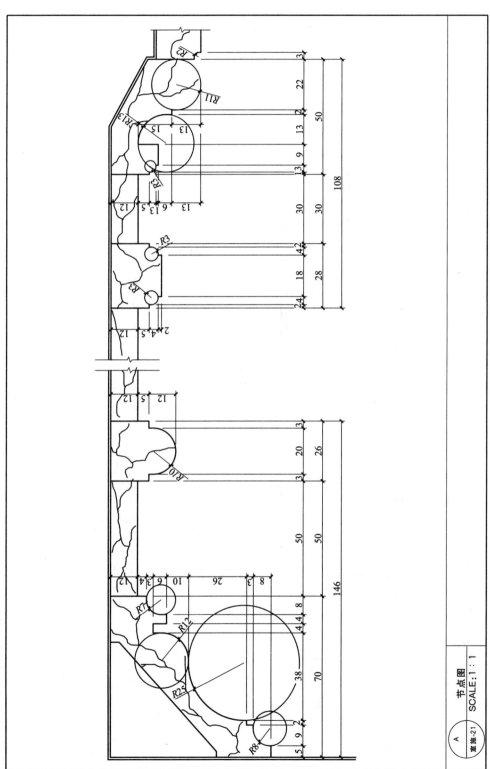

图 6-76 节点图（二）（室施-21）

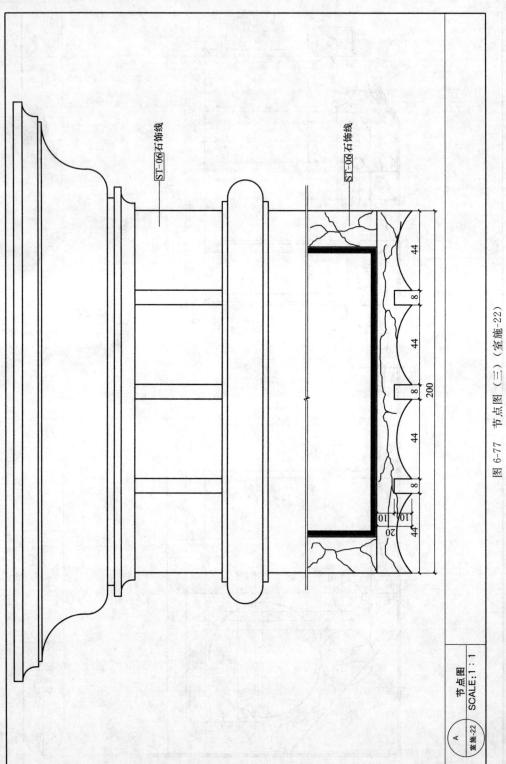

ST-06石饰线

ST-06石饰线

44

8

44

8
200

44

8

44
10 10
20
44

节点图
SCALE:1：1

A
室施-22

图 6-77 节点图（三）（室施-22）

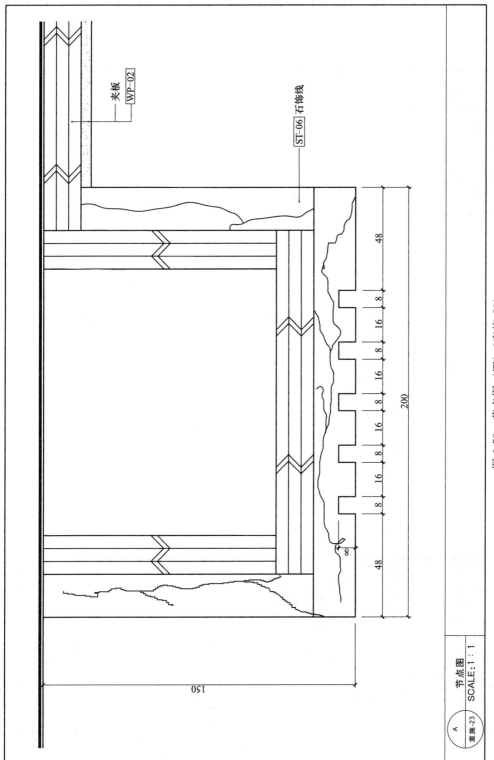

图 6-78　节点图（四）（室施-23）

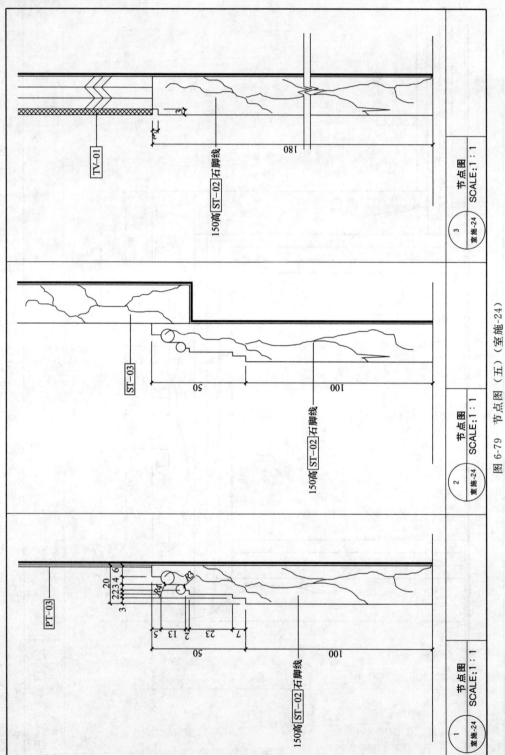

图 6-79 节点图（五）（室施-24）

节点图
SCALE:1：1

3
室施-24

TV-01

150高 ST-02 石脚线

180

节点图
SCALE:1：1

2
室施-24

ST-03

150高 ST-02 石脚线

50
100

节点图
SCALE:1：1

1
室施-24

PT-03

150高 ST-02 石脚线

50
100

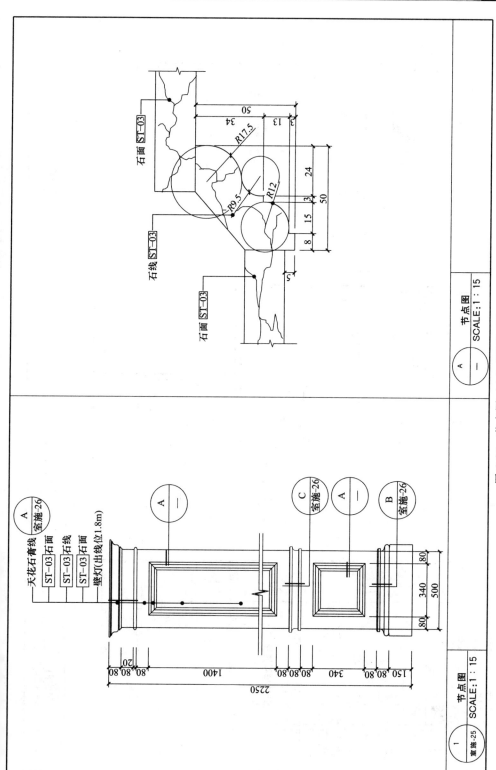

图 6-80　节点图（六）（室施-25）

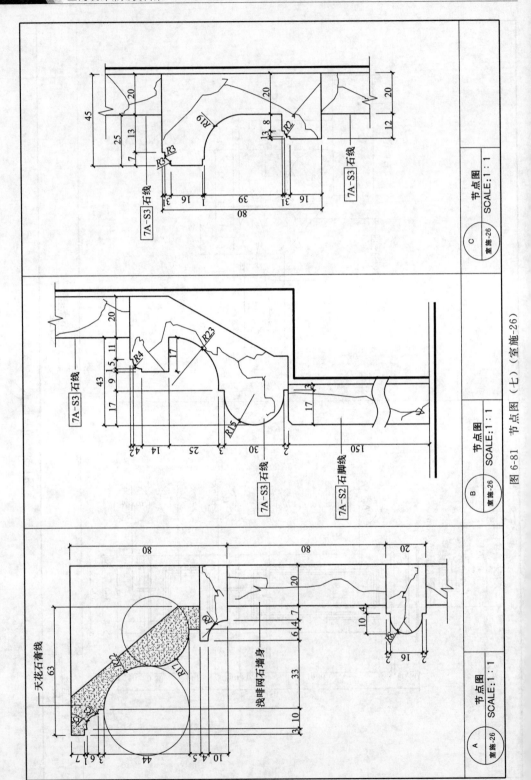

图6-81 节点图（七）（室施-26）

A	节点图
室施-26	SCALE:1:1

B	节点图
室施-26	SCALE:1:1

C	节点图
室施-26	SCALE:1:1

7A-S3石线

7A-S2石脚线

天花石膏线

浅啡网石墙身

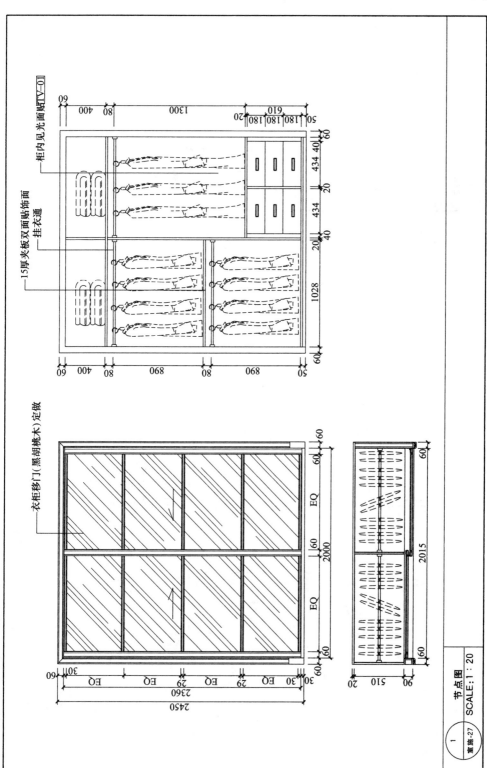

图 6-82　节点图（八）（室施-27）

柜内见光面贴[V-01]

15厚夹板双面贴饰面

挂衣通

衣柜移门（黑胡桃木）定做

节点图

SCALE:1：20

室施-27

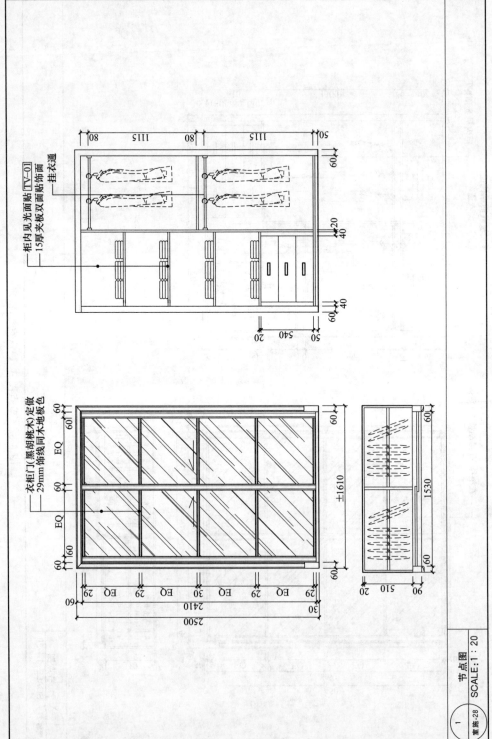

柜内见光面贴 [TV-01]

15厚夹板双面贴饰面

挂衣通

衣柜门（黑胡桃木）定做
29mm饰线同木地板色

图 6-83 节点图（九）（室施-28）

节点图
SCALE:1:20

1 室施-28

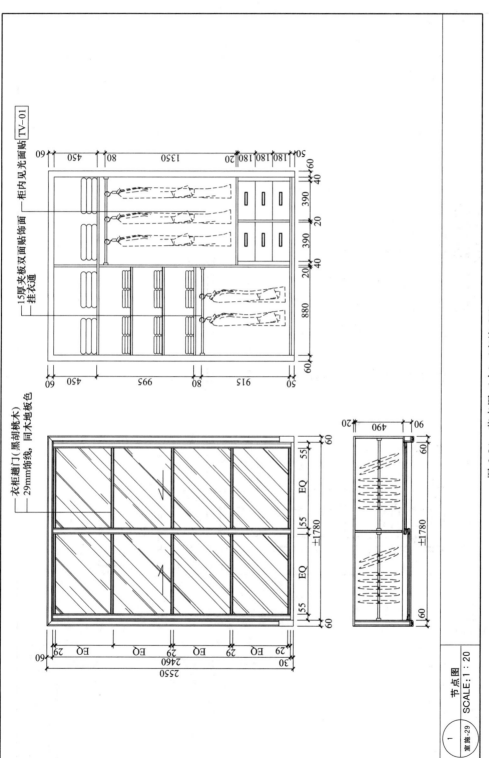

图 6-84 节点图（十）（室施-29）

节点图
SCALE：1：20

① 室施-29

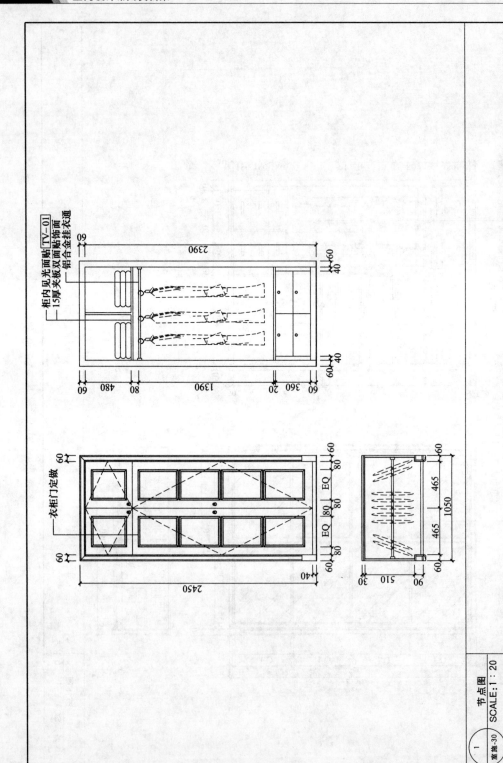

图 6-85　节点图（十一）（室施-30）

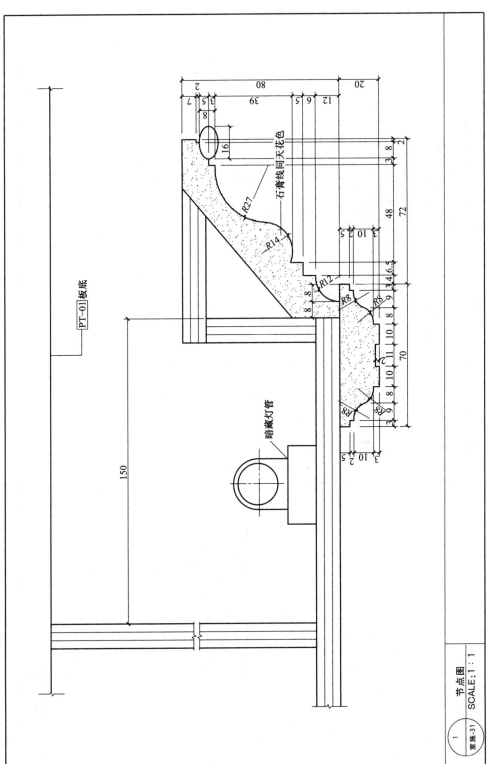

图6-86 节点图（十二）（室施-31）

PT-01板底

石膏线同天花色

暗藏灯管

节点图
SCALE：1：1

室施-31

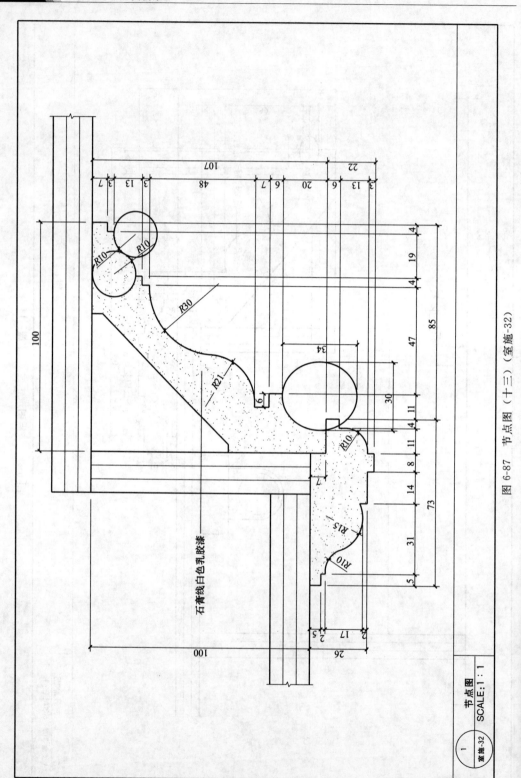

石膏线白色乳胶漆

节点图
SCALE：1：1

1　室施-32

图 6-87　节点图（十三）（室施-32）

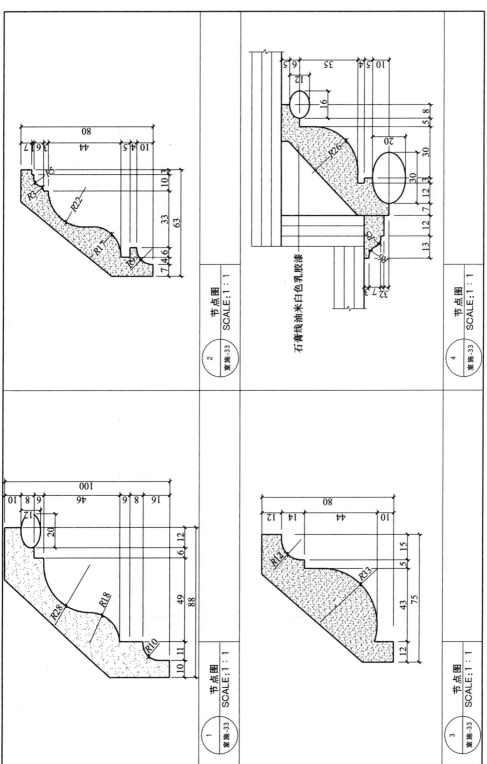

图 6-88 节点图（十四）（室施-33）

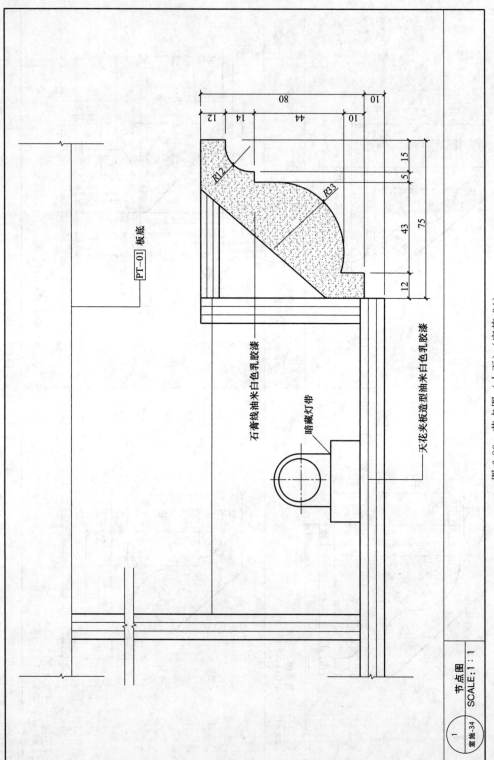

石膏线油米白色乳胶漆

PT—01 板底

暗藏灯带

天花夹板造型油米白色乳胶漆

节点图
SCALE:1:1

1 室施-34

图 6-89 节点图（十五）（室施-34）

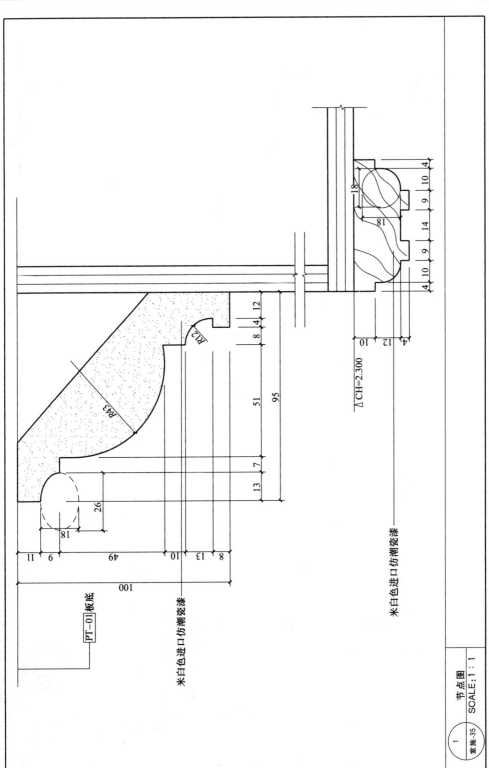

图6-90　节点图（十六）（室施-35）

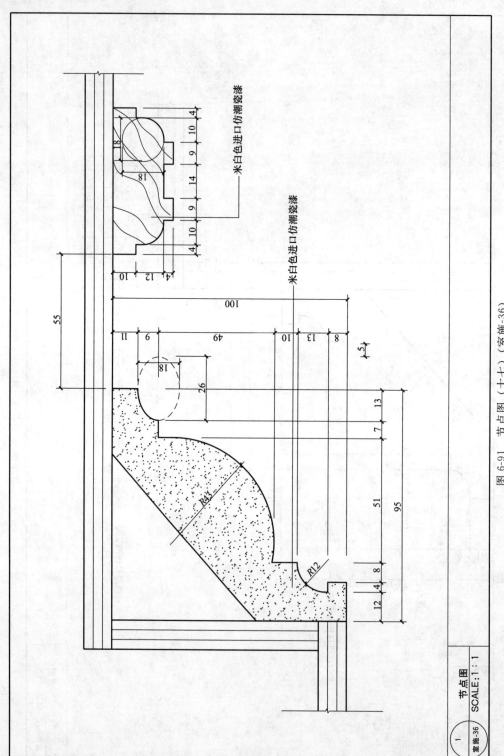

米白色进口仿潮瓷漆

米白色进口仿潮瓷漆

图 6-91　节点图（十七）（室施-36）

1	节点图
室施-36	SCALE:1:1

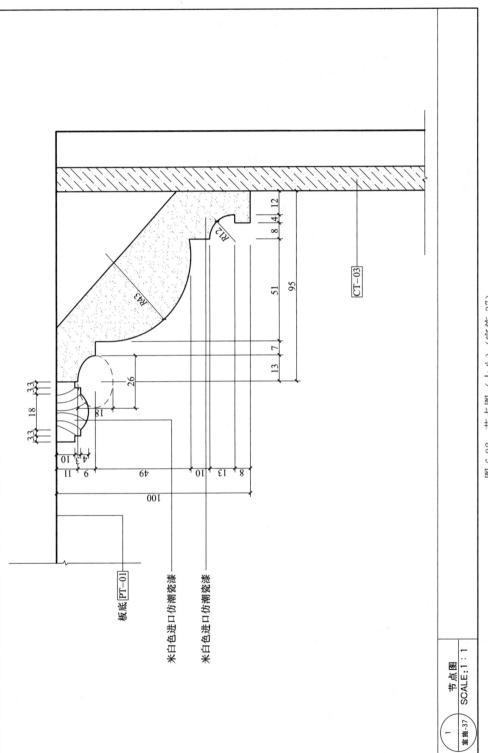

图6-92 节点图（十八）（室施-37）

参 考 文 献

[1] 高祥生. 室内装饰装修构造图集 [M]. 北京：中国建筑工业出版社，2011.

[2] 康海飞. 室内设计资料图集 [M]. 北京：中国建筑工业出版社，2009.

[3] 严建中. 软装饰设计教程 [M]. 南京：江苏人民出版社，2013.

[4] 凤凰空间. 传统东方韵 [M]. 南京：江苏人民出版社，2012.

[5] 凤凰空间. 现代简约风 [M]. 南京：江苏人民出版社，2012.

[6] 凤凰空间. 清新田园曲 [M]. 南京：江苏人民出版社，2012.

[7] 凤凰空间. 欧陆异域情 [M]. 南京：江苏人民出版社，2012.

[8] 张绮曼. 室内设计资料集 [M]. 北京：中国建筑工业出版社，1991.

[9] 赵晓飞. 室内设计工程制图方法及实例 [M]. 北京：中国建筑工业出版社，2007.

[10] 刘锋，谭英杰. 室内装饰识图与房构 [M]. 上海：上海科学技术出版社，2004.

[11] 陈祖建. 家具设计常用资料集 [M]. 北京：化学工业出版社，2012.

[12] 武峰. CAD室内设计施工图常用图块 [M]. 北京：中国建筑工业出版社，2002.

[13] 张绮曼，郑曙旸. 室内设计资料集 [M]. 北京：中国建筑工业出版社，1993.

[14] Julius Panero and Martin Zelnik. 人体尺度与室内空间. 龚锦译 [M]. 天津：天津科学技术出版社，1999.

[15] 孔健. 现代室内设计风格 [M]. 上海：同济大学出版社，2011.

[16] 瞿颖健，曹茂鹏. 专业色彩搭配手册：室内设计 [M]. 北京：印刷工业出版社，2012.

[17] 高祥生. 室内建筑师辞典 [M]. 北京：人民交通出版社，2008.